Hungry

Noma 傳奇主廚的世界尋味冒險

帶你深度體驗野地食材的風味、採集與料理藝術

JEFF
GORDINIER
傑夫・戈迪尼爾——著　洪慧芳——譯

致謝

謹此紀念為我們指引方向的食評家強納森・高德（Jonathan Gold），
也獻給為我指引返家之路的勞倫（Lauren）。

「人生旅途走到一半，
我赫然發現自己身處在一座陰暗的森林中，
因筆直的康莊大道已然消失。」

——但丁《神曲》，曲一

「夢想者，
如果你像我一樣，
無論如何你都會跳下去。」

——傑森．雷諾茲（Jason Reynolds），《給每一個人》（For Every One）

目錄

Noma 創辦人瑞內・雷澤比（René Redzepi），在 Noma 雪梨快閃店前。

上：Noma 2.0 餐廳一隅。
左上：Noma 2.0 餐廳內的員工休息區。
左下：Noma 1.0 餐廳入口處。

93
noma

羽衣甘藍盛裝烤骨髓、鹽漬韭菜花、獨活草花，佐薄切生蒜片。

酥脆的萵苣葉，鋪滿海蘆筍、水田芥和野生玫瑰花瓣。

右：擺盤和造型都吸睛的海參料理，紅色立起來的部分是炸過的海參腸。
左上：捲成花朵般的大黃為主角，淋上添加墨角藻顆粒的特調油，綴以酢醬草與小花。
左下：蒸帝王蟹肉佐蛋黃醬。

右上：薄切藍淡菜佐煙燻奶油與淡菜醬，碗蓋上的藍淡菜殼，是 Noma 員工一個個手工黏製而成。

右下：以蔬果製成的開胃小點。將切片的蘿蔔和綠草莓以阿夸維特酒浸漬十五分鐘，再搭配新鮮的接骨木花和沙棘。

左：黑醋栗佐發酵奶油、醃漬後煙燻的鵪鶉蛋，還有螞蟻和酢醬草、金蓮花，在苔蘚的托襯之下，宛如春天的森林。

第一部　振作

墨西哥

我醒來時，嘴裡含著沙，刺眼的光線直入眼簾。一個男人說著西班牙語，揮著手電筒。我試著回想我身在何處，稀稀疏疏的細節逐漸拼湊了起來，像幽靈緩緩現形一般。我聽到浪潮拍打海岸的聲音，四處摸索背包與鞋子。我在墨西哥度假小鎮土倫（Tulum）[1]的海灘上醒來，四下漆黑，幾碼外的那片水域是加勒比海。

我是大半夜來到這個名叫「新生活」（Nueva Vida）的旅館，找不到我入住的小屋，也找不到任何人可以給我小屋的鑰匙。我迷失在黑暗中，手機又收不到訊號，整個人因為一整天的緊湊行程而疲憊不堪。

1 編注：位於墨西哥東南部猶加敦半島上的加勒比海岸古城，為馬雅文化遺址，現為度假勝地。

一大早，我從墨西哥城[2]搭機到瓦哈卡（Oaxaca）[3]，在瓦哈卡吃午餐，然後參觀當地的龐大市場。接著，我又在當地吃晚餐，喝了大量的梅斯卡爾酒（mezcal）[4]，從瓦哈卡飛回墨西哥城，再從墨西哥城飛到坎昆（Cancun）[5]。然後，我開三個小時的車穿過猶加敦半島（Yucatán peninsula），來到這個隨處可見男士紮著髮髻、喝著抹茶的瑜伽勝地。我一抵達這裡就累壞了，隨即在沙丘上、離海龜產卵處不遠的地方，為自己做了一張露天床。

那個揮動手電筒的人還真好心，至少他意識到我不是來這裡干涉海龜產卵時，態度還挺和善的。我把鞋子裡的沙倒出來，抓起背包，跟著他來到一間純白色的房間，海風吹拂著窗簾及床上披掛的蚊帳。我從沒見過一張床看起來如此誘人，便馬上鑽了進去想睡個覺，但不久，陽光就從門縫長驅直入，我只好起床迎接新的一天。

我之所以來到土倫，是因為一個叫瑞內·雷澤比（René Redzepi）的人用三寸不爛之

---

2 編注：墨西哥的首都，也是政治、經濟、文化中心，位於墨西哥中部的高原地區中央。

3 編注：位於墨西哥南部鄰太平洋海岸，是一座充滿西班牙殖民地色彩的城鎮。

4 譯注：龍舌蘭酒的一種，酒精濃度一般在45～50度，主要產於墨西哥南部的瓦哈卡州。傳統製法只需要龍舌蘭芯和水，經炕烤、發酵、蒸餾等一連續工序而製成，風味獨特。

5 編注：位於墨西哥東南部的加勒比海沿岸，為著名的度假勝地。

舌，死纏爛打說服我來的。在關係緊密的全球美食界，雷澤比的影響力堪比一九七〇年代音樂界的大衛・鮑伊（David Bowie），或一九八〇年代科技界的賈伯斯，或現今的碧昂斯（Beyonce）。他是哥本哈根 Noma 餐廳的主廚，對那些關注及記錄美食界的人來說，Noma 餐廳改變了人們對食物的看法。作家習慣把 Noma 稱為全球最棒的餐廳，由這點誇張地延伸，也許雷澤比堪稱現今最棒的廚師。

這種文化界的大師找你去喝咖啡時，可不是什麼稀鬆平常的事。二〇一四年某個冬日午後，這種命運的轉折就降臨在我身上。當時我是《紐約時報》的美食記者，彼得・堤地格（Peter Tittiger）寄了一封信到我那個塞爆的電郵信箱，說雷澤比想見我。堤地格是費頓出版社（Phaidon）的書探，那家出版社出版了雷澤比的烹飪書與日誌，很多廚師研究及解析那些書的方式，就像詞曲作者與搖滾學者鑽研歌詞與唱片內頁的文字一樣。

當下我很想回絕。我也說不上來為什麼《紐約時報》的美食記者會想要回絕這種邀約，況且對方還是當今最棒的廚師。不過，隨著年齡增長，我越來越覺得說「不」是一種解脫。現在的勵志書大多鼓勵我們這樣做，不是嗎？**學會說不**。不過，其實我只是太忙了，我要趕的截稿日那麼多，公司裡有開不完的會，我還要趕去參加孩子的棒球賽和鋼琴獨奏會，趕著回家跟家人共進晚餐。有部分的我心想：「天啊，這個丹麥人該不會

雷澤比在 Noma 哥本哈根原址旁的碼頭上，眺望遠方（2014 年 10 月）。

是想要給我洗腦兩個小時，大談新北歐運動的原則吧？」新北歐運動是來自北歐的餐飲旋風，並以雷澤比為首。二〇〇四年，雷澤比和他的夥伴就像法國超現實主義派的代表一樣，發表了一份美食宣言，說明未來幾年將引領他們的烹飪原則與理念，目標包括「展現與我們那個地區有關的純淨、新鮮、簡單與倫理」，以及「在我們的海洋、農田與野外，促進動物的福祉及推廣健全的生產流程」。在雷澤比的廚藝生涯早期，誠如記者何天蘭（Tienlon Ho）所寫的：

> 人們覺得雷澤比應該跟前輩一樣，烹飪法式經典佳餚。有一段時間，他確實那樣做了。然而不久之後，雷澤比突然頓悟出一番道理：他的餐飲不僅要用他在森林裡、海灘上、在地農民的手中找到的東西來烹煮，也要完全用那些東西來塑造。實務上，這表示如果有一種莓果一年只成熟兩週，而且摘採這種莓果的瑞典農民也對出售這種莓果不感興趣，這種食材其實比進口的魚子醬更奢華。他把它們盛在一個近乎毫無裝飾的碗裡。他創造了風土（terroir）——塑造動植物風味的土壤、氣候與土地——而不止是術語。他把那變成他烹飪的焦點所在。

這些理念的影響力在五年間不斷地擴大，從邊緣走向主流核心。很快地，對一位美國的美食作家來說，最勞心費神的差事就是去哥本哈根，跟著雷澤比一起到海灘上尋找食材，好奇地啃咬一小口岩薺（scurvy grass）[6]、野菠菜（sorrel）[7]、風鈴草（bellflower）[8]、海濱芥（beach mustard）[9]。「畢竟，丹麥不是普羅旺斯，也不是加泰隆尼亞（Catalonia）。」《紐約時報》專欄作家法蘭克·布魯尼（Frank Bruni）參與過那種海灘漫遊後，如此寫道：「尤其對一位只吃在地食材的廚師來說，那是有侷限性的。但雷澤比四處採集、深入研究那些食材，並且將其風乾、醃製、加工保存，化阻力為助力。他在烹飪上的成就，讓人更加注意到這些食材在取得上所蘊含的地理難度。」

這一切是如此的鼓舞人心，如此的高尚，尤其對一個瀕臨生態災難的星球來說更是如此，那些災難有部分是因為我們對食物供給的貪得無厭所造成的。但我真的沒有心情去赴約，當時我的婚姻岌岌可危，兩週前我才剛搬出我與兩個孩子同住的房子，憂鬱像毒霧般籠罩著我的生活。在二月這種冰冷的日子，我實在沒耐心勉強裝出一副好奇的樣

6 編注：多年生草本植物，廣泛分布於北半球溫帶和北極地區，最常見於沿海地帶。葉子帶有苦辣味，又名辣根菜。

7 編注：葉子鮮綠狹長，嫩葉帶酸味，並具有檸檬香氣，多作為沙拉食用。

8 編注：屬桔梗科，藍紫色的花朵外形如風鈴般，全株皆可食用，嫩葉可加入沙拉生食或燙煮後食用，地下莖可燙煮後涼拌。

9 編注：生長於沙灘上，口感多汁，略帶鹹味，因其具有芥末風味而得名。

子，擠出微笑，聽一個來自哥本哈根的遠見家，喋喋不休地談論他的宣言。

更棘手的是，我曾在《紐約時報》上稍稍取笑了雷澤比的理念，儘管在那之前，我從來沒跟他交談過，也沒嚐過他的料理。二〇一四年的冬天，Noma 的影響力席捲了整個紐約市，Aska、Acme、Atera、Luksus 等餐廳紛紛展現了他們對新北歐理念的詮釋，那些理念就像侵入性的岩薺一樣，從哥本哈根蔓延開來。北歐風潮成了新熱潮，也因此變成最容易嘲諷的目標。Noma 的簇擁者開始盤據這座城市，他們以乾草煙燻食材，以海草及可食用的人行道小樹枝來裝飾盤子。Acme 餐廳的主廚馬德斯．雷夫斯隆（Mads Refslund）甚至和雷澤比一起創立了 Noma（這兩位廚師是在烹飪學校認識的），Luksus 餐廳的主廚是來自加拿大新斯科舍省的哲學家丹尼爾．伯恩斯（Daniel Burns），他留著鬍子，曾在 Noma 擔任糕點師傅好幾年。只要履歷上秀出 Noma 這個字，似乎就能吸引金主來投資。每個人都想跟 Noma 沾點邊——除了我以外。在那個冬天之前，我從未在那些餐廳裡用餐，我一點也不想去。那時我的人生一團糟，整個人好像無岸可依的浮萍，無所適從。我從熱騰騰的起司義大利麵（Cacio e pepe）中尋求慰藉，那種麵裡滿是澱粉與乳酪。我只想吃餃子、石鍋拌飯、沙威瑪。我不想要什麼？當時的我寫道：「幾個月來，我一直在迴避問題。偶爾會有人拍拍我的肩膀，問我對那些體現新北歐運動精神的紐約餐廳有什麼看法，問我最近有沒有嚐過任何苔蘚，有沒有吃過滿滿一碗的大麥粥，上面點綴著豬血、沙棘（sea buckthorn）[10]、以及從峽灣最深的裂縫中，抓出來發酵的某種生物的鱗片？我當然沒有，但我覺得承認沒有實在太丟臉了。」

我不願和那個叫雷澤比的人見面。我實在不想虛情假意，惺惺作態。況且，我曾在全球最有影響力的報紙上酸過那個傢伙所重視的運動，他一見到我，可能會把我罵到臭頭。我想像他皺著眉頭，靠在格林威治村咖啡廳的仿農舍野餐桌邊，對著我大吼：「你破壞了自然的原始力量！」

儘管如此，我還是答應了邀約。我心想，出去走走總是比在辦公室裡打轉好。而且，欣然接受自然的原始力量，其實正是雷澤比在做的事，這是我在接下來的四年間逐漸明白的道理。

我只能說，那個在曼哈頓市中心穿過那扇門的人，跟我想像的完全不一樣。人類與生俱來或後天培養的所有天賦中，個人魅力可說是最神祕的。雷澤比一出現，有幾點立

10 編注：主要生長在乾燥多沙地區的植物，其漿果為黃色或橙色，味道偏酸，具有特殊香氣。

刻令我印象深刻：一、他的英語能力甚至比多數的美國人好。這個獨特的優勢，顯然讓他更容易向英美的美食媒體傳達他的理念。現在即使你告訴我，他其實會說二十五種語言，我也不會感到震驚。我猜他至少能以七種語言討論一餐。二、他似乎與紐約一半的主廚有私交。三、他跟我一樣，不想談論他的運動或任何運動，或者至少他看起來已經厭倦了那個話題。所以，他沒有自個兒滔滔不絕地談論四處尋找食材的喜樂，我也沒有暗數著還要硬撐多久，才能搭地鐵回我那個位於威徹斯特郡（Westchester County）的擁擠獨居公寓。

沒想到雷澤比想談的竟然是塔可（taco，墨西哥夾餅）。這個話題讓我整個人振奮了起來。我從小在洛杉磯成長，根本是吃塔可長大的。事實上，雷澤比給我的印象是，他有一種加州人的氣質，完全出乎我意料之外。他的爽朗笑聲，以及赤腳漫步在海灘般的輕鬆舉止，讓我徹底卸下了心防。他整個人給我的感覺，似乎與那個一板一眼的北歐宣言代言人，以及廚房裡那個焦躁不安、脾氣暴躁的大師完全相反。後來我逐漸明白，雷澤比的丹麥人身分，其實不符合某些維京人的刻板印象。他在哥本哈根成長，來自移民家庭。他的母親漢娜（Hanne）是丹麥人，做過住宅打掃及醫院清潔的工作。他的父親阿里－拉米．雷澤比（Ali-Rami Redzepi）是來自馬其頓的阿爾巴尼亞人及穆斯林，他來丹麥尋求公民身分，靠著開計程車及賣魚維生。雷澤比還小的時候，父親哄他和雙胞胎弟弟入睡的床邊故事，是古蘭經的經文。他們一家人經常忍受那些反移民的丹麥人所展現的偏見。有時雷澤比和弟弟是餓著肚子上床睡覺。從小想要**顛覆**、而非聽命於丹麥當權派的希望，種下了日後「新北歐運動」的種子。如今，他給人的印象是美食界的圈內大老，但真正促使他達到那個地位的，其實是圈外人想要奮發圖強、出人頭地的渴望。

總之，雷澤比有個點子，看起來無關痛癢，似乎也不可能達成，或者說，至少不太可能促成什麼實質的結果。後續那幾年，我逐漸明白，雷澤比的腦中總是有許多天馬行空的點子。那些點子往往一開始看起來像白日夢，不太可能實現，但是，正因為不可能實現，讓他更加躍躍欲試。

「我們應該去墨西哥。」他說。

「好啊，好啊……」

在格林威治街的那家咖啡廳裡，我假意地順著他的意思呼攏了幾句，即使他的熱情充滿了感染力，我壓根兒也沒想過我和他註定要去邊境以南。我聽著他訴說，任由思緒開始神遊。

墨西哥，**沒錯**。「好啊，老兄，那太酷了。」我隨口說了一些類似這樣的話，虛應故事。我察覺到他的語氣越來越認真，散發出一種狂熱的幹勁，使我聯想到《阿拉伯的勞倫斯》（*Lawrence of Arabia*）中飾演主角的彼得．奧圖（Peter O'Toole）準備輕快地穿越沙漠前的樣子。難道他是在招兵買馬，邀我同行嗎？難道我受邀加入小圈圈了嗎？難道雷澤比那雙緊盯著我的棕色眼睛，看出憂鬱令我變得脆弱嗎？我要如何告訴這位丹麥廚師，現在的媒體預算已經砍到見骨，我可能永遠找不到願意為這次旅行買單的編輯？我何必解釋呢？

我想我還是回辦公室，放任那個突發奇想的「塔可」奇幻之旅，塵封在Gmail帳號那個長滿蜘蛛網的資料匣裡吧。但我沒想到雷澤比根本不把別人的回絕視為阻礙，別人對他說「不」，頂多就像蚊子的嗡嗡聲，不值得動手驅趕。他的大腦似乎缺少某種幫他把「不」傳到認知檢查點的突觸，也許他腦中有某種酵素阻止了那種突觸運作吧。我們見過面後，不久，他就寫電郵給我，發簡訊給我，一再跟我提起那件事，有點纏著我不放。

他說，這個計畫會啟動的。我只需要找個編輯來買單，我得想想辦法。

雷澤比舉起一杯法洛里托（Farolito）[11]的梅斯卡爾酒，同桌的每個人都跟著舉杯。

「墨西哥萬歲！」他說。

我的飛機約莫一小時前飛抵墨西哥城。那是五月的某個週二夜晚，我和攝影師尚恩．唐納拉（Sean Donnola）一起前來。我們完全不知道這趟旅行究竟會如何發展。事前，我們從電郵收到一份行程表，但我想，那應該是最理想情況下的行程安排——在短短幾天內要去那麼多地方、吃那麼多餐，顯然是不可能的事。飛機降落在跑道時，我打開手機，收到了雷澤比傳來的簡訊，他叫我們直接去 Pujol 餐廳。許多美食家說，那家餐廳就算不是全墨西哥最好的，也是全墨西哥城最好的。「我們預訂了嗎？萬一我們遲到了，他們會幫我們保留座位嗎？」我和唐納拉睡眼惺忪地走進 Pujol，有人直接把我們帶到雷澤比那張圓桌，他正對著一群人侃侃而談。

第一個驚喜就坐在雷澤比的對面。丹尼．鮑文（Danny Bowien）是紐約與舊金山烹飪界的當紅炸子雞。他生於南韓，但由奧克拉荷馬州的白人家庭領養，原本在一個基督教的獨立搖滾樂團中彈吉他，後來放棄吉他，以紐約中餐廳「龍山小館」（Mission Chinese Food）的主廚身分走紅。那裡的招牌菜是讓人辣到發麻的川菜，菜色上桌時，嗆辣的氣

---

11 編注：瓦哈卡市當地著名的梅斯卡爾酒出口品牌。

味有如核爆般撲鼻而來，火力全開。後來我得知，雷澤比似乎成了鮑文的人生導師，我和唐納拉都沒想到他會出現在那裡。不過，對我們來說，那是不錯的轉折。第二個驚喜是雷澤比毫不猶豫地承認，他一開始對墨西哥菜一無所知。

我們坐下後，他告訴我，以前在 French Laundry 的廚房工作的情況。French Laundry 有如一九九〇年代及二〇〇〇年代初期的 Noma，那是一家位於納帕谷（Napa Valley）的餐廳，主廚湯瑪斯．凱勒（Thomas Keller）像在變魔術一樣，在那裡把加州的農產品變成頂級的美饌佳餚。二〇〇〇年的某天，一輛麵包車停在餐廳外面兜售墨西哥粽（tamales）。但當時雷澤比拒絕了，他以後悔莫及的口吻回憶道：「我當時一點也不想吃墨西哥菜。」他對墨西哥菜的了解，或者應該說缺乏了解，是源自於他在丹麥成長的經歷。「坦白講，當時我對墨西哥菜的印象，是源自我們在歐洲吃的墨西哥菜，一點都不道地，有點像德州版的墨西哥菜，難吃死了，油得要命，肥滋滋，份量又大。那是我的印象，我根本不懂墨西哥菜，不知道中東對那裡的食物有那麼大的影響。從火上的烤肉直接削下肉絲，以前我從來沒聽過鹼法烹製（nixtamalization）[12]。」

12 編注：墨西哥玉米餅的傳統製法。將乾燥的玉米粒，浸泡在鹼性的熟石灰水溶液之中，加熱烹煮至軟。清洗的過程中，用手反覆搓洗玉米以去除軟化的外皮，再將玉米碾磨成粉團，即為製作玉米餅的麵團（masa）。

後來，雷澤比創立 Noma 後，一位名叫羅伯托・索利斯（Roberto Solis）的廚師加入 Noma 的廚房。他們變成了朋友，後來索利斯回到墨西哥的梅里達（Mérida）[13] 開了一家名叫 Nectar 的餐廳，他們仍然維持很好的交情。雷澤比日以繼夜把 Noma 打造成舉世聞名的餐廳，表面上可能有很大的成就感，但那也逐漸把他變成一具充滿怒火的臭皮囊，那股熊熊怒火把他烤得焦黑脆弱。某天，索利斯突然提出一個臨時的療癒處方：邀請雷澤比南下墨西哥來找他，吃點塔可，放鬆一下。雷澤比一如他的風格，一口答應了，但路途遙遠讓他不禁懷疑起自己的判斷力。他搭機從哥本哈根飛到阿姆斯特丹，接著轉往紐約、休斯頓，最後才飛抵梅里達。他說：「那種旅行實在太蠢了，我累得要命。」雷澤比終於抵達那個位於猶加敦半島的馬雅人據點時，已經累癱了，但他還是得先吃點東西。

索利斯帶他去一個名叫 Los Taquitos de PM 的地方，那個地方出乎意料的爆笑。Los Taquitos de PM 不是隱身在鵝卵石小巷內的某個宜人場所，那裡沒有老奶奶攪拌著鑄鐵鍋裡的鷹嘴豆湯（pozole），Los Taquitos de PM 根本是一家俗氣的小吃店，裡面擺著塑膠椅，掛著可樂標誌，閃著令人頭痛及宿醉的燈光，俗氣又刺眼。這時，雷澤比即將改變人生軌跡，但是當下他在一條俗不可耐的馬路邊看到 Los Taquitos de PM 時，只覺得自己不該大

13 編注：位於墨西哥東南部猶加敦半島的東北角，擁有許多殖民時期的建築。

老遠飛了大半個地球來到這裡。

他第一眼看到食物時，抗拒心又增強了。索利斯點了三盤墨西哥烤肉餅（taco al pastor）。那是從一支插滿豬肉片的旋轉垂直烤肉叉（trompo）上削下來的豬肉絲。豬肉因為浸泡過含胭脂樹紅（achiote）[14]以及其他香料的辣椒醬而染紅。豬肉絲是塞在玉米餅裡，上面鋪鳳梨丁。黎巴嫩移民把沙威瑪帶到墨西哥時，促成了這道菜的誕生。這表示墨西哥烤肉餅是馬雅—加勒比—中東融合的獨特例子。但你只需要知道，墨西哥美食的愛好者在市場上發現旋轉垂直烤肉叉時，他們渴望的就是這種墨西哥烤肉餅。

但雷澤比一點興趣也沒有，他心想，「加鳳梨？」他說，「我看到鳳梨時，內心起了大大的問號，就像遇到糟糕的披薩店。不過，飢腸轆轆下，什麼突破都有可能發生。雷澤比抓起一個墨西哥烤肉餅，咬了一口。「那第一口，柔軟，好吃，酸酸辣辣的，就好像第一次享用壽司那樣，令人驚艷。我簡直不敢相信，那感覺好像轉大人一樣，就在那個當下。」

我在墨西哥城與他會合時，當年的塔可驚艷已經演變成一種癡迷。雷澤比後來多次造訪墨西哥，次數多到數不清了。他一再攜家帶眷到墨西哥度假充電，以逃離冷得刺骨

---

14 編注：從胭脂樹種子外皮中所萃取的天然紅色色素，可以將食物染成黃色、橘色，常用於切達起司的染色。

又灰濛濛的丹麥冬天。他在日誌中寫道：「我累壞了。」

成功真的很美好，但可能也很危險、有侷限性。突然間，我們變成一家精緻餐飲（fine-dining）的餐廳，開始有人問我們是否應該使用真正的銀器、侍者是否應該穿西裝等等，彷彿打個領結可以讓食物變得更美味似的。那些東西對我們來說向來都不重要，我們總是把所有的精力放在人與創意上，而不是商品上。在墨西哥待了一個月，我終於頓悟到一件事——我很害怕，怕失去我們無意間獲得的全球關注。我們所有人都是如此，我們太在意大家對所謂「全球最佳餐廳」所抱持的期望，而不是關注我們對自己的期許。我們已經不再依循自然的本能，不再相信記憶有足夠的價值，來塑造我們在餐廳裡的日常生活。我不會再讓那些問題分散我們的注意力了。

墨西哥是一個讓他看清現實的地方。墨西哥菜的複雜性——玉米、辣椒、水果、可食用的昆蟲，以及不同地區的顯著差異——就像一段令他魂牽夢縈的愛情記憶，讓他始終無法忘懷。他需要再回去體驗那些風味。

如今在 Pujol 餐廳，主廚安立奎・奧爾韋拉（Enrique Olvera）把墨西哥菜提升到一種新的形式：食用敘事。雷澤比抱著期待欣賞每道菜，並在品嚐後立即做出反應。在所有令他著迷的美食佳餚與食材中，找不到比莫蕾（mole，墨西哥混醬）更令他癡迷的墨西哥食材了。什麼是莫蕾？或許，問莫蕾不是什麼還比較快。但即使那樣問，還是很難回答。莫蕾融合的各種成分，代表了那些互相衝擊、最終融合成墨西哥的所有文化：最早住在當地的原住民，後來強行闖入的歐洲入侵者，以及來自中東、非洲、亞洲的移民。老外常籠統地認為莫蕾只是一種醬汁，或巧克力做成的醬汁——mole poblano（墨西哥巧克力辣醬）只是無數種莫蕾中的一種——「莫蕾」這個詞最終被用來統稱多種醬汁組合。由於種類太多，材料太多，墨西哥全國各地的家家戶戶對莫蕾的詮釋各不相同，想要把各種莫蕾都記錄下來，根本是不可能的任務。研究莫蕾就像研究亞原子領域：你會一直往下深探，而且深不可測。

這種多樣性正是吸引雷澤比的原因。丹麥菜與莫蕾毫無相似之處，他想搞清楚莫蕾這個食材是怎麼運作的，但那幾乎是不可能的事，這正是他想嘗試的原因。雷澤比就像鋼琴家顧爾德（Glenn Gould）細膩地拆解巴哈旋律那樣，思考著如何透過放慢、拆開、壓扁或側轉等方式來解開其ＤＮＡ螺旋。在接下來的三年間，雷澤比帶著數學家的決心及瑜伽修行者的勤奮，一再地鑽研莫蕾。

原來，他找我來Pujol，是因為他與奧爾韋拉是朋友，也因為如果一個人想研究莫蕾，這裡是最佳場所。奧爾韋拉的莫蕾可說是他的拿手菜，他靠莫蕾打遍天下。莫蕾有如一部關於歷史與時間的磅礴史詩。Pujol的莫蕾洋溢著層層不同的香氣，裡面有肉桂、荳蔻、丁香、多香果（allspice）[15]、八角、杏仁、核桃、花生、洋蔥、百里香、牛至、馬鬱蘭、乾紅辣椒、帶皮大蕉（plantains）[16]、彩色大番茄，但即使列出這一串落落長的材料，也無法充分傳達它嚐起來的滋味，因為莫蕾是一種隨著你製作而持續變化的東西，它的味道一直在變，就像醬汁的量子物理學。奧爾韋拉如此解釋：「莫蕾的配方會隨著季節調整，食材會跟著變化。它可能加入榛果或杏仁或夏威夷豆，或三者都加。同樣的道理也適用於番茄、水果，甚至辣椒。所有的食材，不分季節，都要放在一個沉重的鑄鐵烤盤上烘烤，以避免油炸食材常帶來的油膩感。接著，所有的食材再放入石磨裡磨碎：先放水果，再放香料、堅果與辣椒。然後，把磨碎的糊狀物煮熟，並加入老莫蕾（mole

15 編注：又稱全香子或牙買加胡椒，主要產地為加勒比海地區的牙買加。外觀乍看像是比較大顆的胡椒，但風味和胡椒的嗆辣截然不同，是帶有丁香、肉桂、肉荳蔻等多種香料的混合香氣，因而得名。

16 編注：加勒比海的平民美食，外形比香蕉更大，要在外皮還是青綠色的時候烹調食用（多為去皮後整根或切片油炸），帶有酸香的風味。

madre）[17]。最特別的是，每天重新加熱莫蕾時，它都在變化。它可以有比較明顯的水果味，也可以是苦的、辣的、充滿堅果味。由於莫蕾本身就是一個不斷變化的宇宙，我們不搭配動物性蛋白，只搭配新鮮的玉米餅和一些芝麻。」

換句話說，這種莫蕾是如此的豐富、如此的美味，奧爾韋拉與廚房的夥伴甚至不會把它淋在肉上，或是把它鋪在肉下，而是直接端上一盤純醬汁讓客人享用。想像一下，一位法國廚師端給你一盤沒有魚的奶油香煎比目魚——盤子裡只裝奶油醬汁，讓你搭配一籃麵包。不過，在那種超現實的作法之外，奧爾韋拉突破莫蕾的傳統作法，還加入一個額外的材料。那個材料其實很難拿捏，而且又多變：時間。Pujol 餐廳的廚師不是每隔幾天做一批新的老莫蕾，而是不停地添加新的莫蕾到原鍋中。第一版莫蕾加入第二版莫蕾中，它們又一起加入第三版莫蕾，依此類推，連續數週，新食材持續加入舊食材，所有的舊食材持續熟成深化，隨著時間經過融合。莫蕾變了，季節變了，我們變了，你也變了——這是一道菜嗎？還是《薄伽梵歌》（*Bhagavad Gita*）[18]的段落？雷澤比告訴我：「我第一次嚐到這道菜時，起了雞皮疙瘩。」奧爾韋拉滿臉鬍鬚，咧嘴笑著，在餐廳裡悠悠

17 譯注：Mole 是醬，Madre 的意思是母親，意即在每一天的 mole 中都加入前一天的 mole 一起煮，類似老滷的作法。

18 譯注：印度教的重要經典，敘述印度兩大史詩之一《摩訶婆羅多》中的一段對話，也簡稱為神之歌。

地漫步，這時他已經悄悄走到我們這桌。雷澤比問他：「這莫蕾多久了？」

「三百七十天。」奧爾韋拉說。

「太奇妙了。」雷澤比說。

每套餐具都有一個盤子，每個盤子上都有一圈紅褐色的醬汁。那圈醬汁的中間是一小圈鏽色的醬汁，看起來像一件抽象的藝術品——彷彿在研究大地的色調。雷澤比說：「那是索倫之眼（Eye of Sauron）[19]。五〇年代的丹麥設計師看到這個東西都會產生高潮。」你實在不想破壞這個令人驚艷的視覺效果，卻還是忍不住動手。大快朵頤這道菜的方式再簡單不過了：抓起玉米餅，然後慢慢地（如果你餓壞了，也可以很快）把那圈陳年風味吃乾抹淨。我們靜靜地享用，彷彿在領受聖餐。雷澤比說：「不要不好意思要求更多的玉米餅，每個人都會追加。」

他想了一下，對大家說：「各位，我們想想這裡發生了什麼。你拿著一塊煎餅，把它蘸進醬汁裡。如果你去 Per Se 餐廳[20]，你會拿煎餅蘸醬來吃嗎？這裡很特別……」

19 譯注：或稱魔眼，出現在托爾金的奇幻小說《魔戒》中，是黑暗魔君索倫的標誌。

20 編注：Per Se 是位於紐約的米其林三星美法餐廳，由美國名廚 Thomas Keller 所成立，是紐約知名度最高的餐廳之一。

我到墨西哥與雷澤比會合時，已經深深陷入一種走路恍惚的狀態。紐約州的威徹斯特郡有一片樹木繁茂的地區。多年來，我徒步穿越那區，對它瞭若指掌，我甚至可以在腦內的Google地圖中叫出每棵倒下的樹。我的婚姻開始破裂時，我做的事情看似很「健康」，因為那跟運動有關。我常出去散步，一走就是三、四個小時。這樣做唯一不健康的是，它在我的大腦中形成了難以磨滅的窠臼（那窠臼是象徵性的，也是實際的）。我沿著哈德遜河來回散步時，會穿過以前鍍金時代的莊園，走上山坡，進入發生過各種怪事的郊外社區。我就像懺悔的僧侶一樣，一再地回想我的錯誤與渴望。我像嚼牛肉乾一樣，嚼著我的罪惡感不放。腦中一再浮現令人心碎的場景，就像飛機上不斷重播的電影。我反覆地想起，當我告訴妻子我們不再同床共眠時，她臉上的表情；也一再想起孩子把頭靠在我大腿上時，我告訴他們爸爸要搬走一陣子，他們的淚水滲過我牛仔褲的感覺。我往北走，然後往南走，或者先往南走，再往北走，假裝我搞出的爛攤子正在蒸發——一步一步地消融它們——但實際上只是把它們埋得越來越深。

那些散步並沒有讓我好起來，頂多算是一種夢遊，彷彿在莫比烏斯環（Mobius

strip）[21]上跑馬拉松。我有強迫症的傾向，那種症頭很適合當記者——狂熱地學習有關音樂、食物或詩歌的一切知識，即使一切自學，也能成為專家——但那種性格也阻礙了我在生活中前進的能力。我一直在同一個地方徘徊，裹足不前。相反的，雷澤比則是一心向前。說到擺脫窠臼，他根本是脫逃大師胡迪尼（Houdini）。我可以在同一條路上走好幾個月，幾乎快走出一條溝來。雷澤比的神經通路似乎對新資料有無盡的渴望。他對於認識新朋友也是如此，他在世界各地的人脈網一直在擴大。

你感覺得出來，你是他萬中選一的夥伴。你的手機會發出來訊通知，那聲音就像敲鐘一樣。那簡訊寫道：「嘿，老兄！」他會請你幫個忙，也回饋一些東西給你。成為他開口求助的對象是一種榮幸——獲得召喚，加入追夢行列。他對你開口，表示他肯定你有某種天賦。他可能感覺到，你的天賦閃閃發光，可以幫他照亮前進的道路。他身邊的一幫人是一群信徒，一群因卓越而凝聚在一起的弟兄姊妹——不是酒肉朋友，不是不合群的烏合之眾，也不是以往的「名廚」給人的刻板印象，而是一群狂熱又專注的夥伴，類似電影《阿波羅13》（*Apollo 13*）中美國太空總署（NASA）任務控制中心的團隊。如果

---

21 編注：又譯為梅比斯環。只要將長紙帶的一端旋轉一八〇度，再將紙帶兩端黏在一起，就會形成一個具有無限循環的立體圓圈。因為莫比烏斯帶只有一面，所以無論從紙環裡的任何一點出發，最後都會回到原點。

雷澤比發簡訊給你，那表示他覺得你的貢獻很有價值，或至少覺得你很有價值。

我開始覺得他的作法很像《湯姆歷險記》裡的湯姆。他就像舌粲蓮花的湯姆，以某種方式說服路人無償幫他粉刷籬笆，因為粉刷籬笆是為了追求一種崇高的理念。你是在美化社區，那表示你是為了美化世界貢獻心力。在這方面，雷澤比可以做得既巧妙又鼓舞人心。不管怎樣，加入他總是比再繼續散步下去來得好。

簡訊寫道：「嘿，老兄！」

雷澤比坐在 Pujol 餐廳的中央，看起來是如此地顯眼，氣場過人。**他說什麼都好像聖旨一樣**，大夥兒都洗耳恭聽他的下一句話。我隔了一段時間才注意到，名廚馬利歐．巴塔利（Mario Batali）與肯．傅利曼（Ken Friedman）坐在餐廳後面的那一桌。儘管他們是同行，雷澤比似乎跟他們維持超然的關係，友好但保持距離。幾年後的二〇一七年，#MeToo 運動延燒到餐飲界時，巴塔利（Babbo 餐廳的主廚、Eataly 的共同創辦人，愛穿招牌的橘色 Crocs 鞋上電視）和傅利曼（榮獲比爾德獎的紐約 Spotted Pig 餐廳及舊金山的 Tosa 餐廳的老闆），都因為被指控性行為不端及豬哥的惡行，而使職涯與聲譽受創。不過，當時二〇一四年春天在墨西哥城的時候，大家仍把他們視為業界領袖。幾分鐘後，我試圖與他們交談時，我發現他們已經喝得酩酊大醉，口無遮攔。

不過，在 Pujol 餐廳，巴塔利與傅利曼只算配角，雷澤比才是主角。他周圍的人像拳王阿里在金夏沙（Kinshasa）的隨行人馬一樣。對他們來說，收到雷澤比的簡訊，就表示他們有資格成為雷澤比那個圈子裡的圈內人。

關於我們對美食的集體癡迷

走在世界上任一個城市或村莊的街道上，你都會想起餐廳的魅力。夏夜裡，你可以從開著窗戶的小酒館與酒吧，聽到裡面傳出來的談話聲；看到饕客站在披薩店門口，扭著身子，猶豫地望著中國菜外賣店掛的菜單燈箱。餐廳為城市帶來熱鬧的氣氛，有如大都會的心室，是大都會的血液脈動進進出出的地方。

幾個世紀以來，餐廳一直扮演這種角色，但是在二十世紀下半葉，每個十年裡，餐廳開始在美國散發出一種特殊的文化光芒。Lutèce 與 Four Seasons、Chez Panisse 與 Michael's、Spago 與 Stars、Canlis 與 Chanterelle、Mandarin 與 Mr. Chow、Babbo 與 Bouley、Citrus 與 Prune、Jaleo 與 Topolobampo、Le Bernardin 與 Coi、Nobu 與 Benu、Momofuku Noodle Bar 與 Torrisi Italian Specialties、JuneBaby 與 The Grey、Manresa 與 Blue Hill at Stone Barns、Alinea 與 Atelier Crenn、Eleven Madison Park 與 Estela。即使你從未踏進這些餐廳的大門，它們的菜單也可能讓你聯想到一些東西。它們象徵著一群精力旺盛的人齊聚一堂，創造出永恆的東西，即使它本質上是無常的。說到那些已經歇業的餐廳（紐約的 Lutèce、舊金山的 Stars、西班牙的 El Bulli），你會希望自己曾在歇業前去過。如果你正好去過，你會希望自己能再去一次。如今，這些餐廳之中，有好幾家仍在營業，而且你還可以帶著手機去拍照，捕捉身臨其境的浮誇感。

在二十一世紀初，這股浪潮開始達到顛峰。餐廳與打造它們的主廚，從美國文化中令人愉悅的休閒娛樂身分，變成鎂光燈的焦點。突然間，廚師變得比電影明星或音樂家有趣多了。他們更真實、更樸實、更健談、更少操弄人心——至少我們是這麼想的。美食電視節目的興起，以及它對一整個世代的孩子所散播的魅力，意味著名人殿堂出現了一派新勢力。怪的是，二〇〇〇年代，許多最著名的廚師都出生於一九七七年。雷澤比、張錫鎬（David Chang）、紐芬蘭 Raymonds 餐廳的傑瑞米・查理斯（Jeremy Charles）、舊金山市 Benu 餐廳的柯瑞・李（Corey Lee）。事實上，李和雷澤比還是同一天出生的。在《星際大戰》（*Star Wars*）和臉部特寫樂團（Talking Heads）首張專輯誕生的那年，全球的水源裡是否有什麼特殊的東西在游動？還是因為一九九〇年代，他們這些人開始進入青春期和成年期時，空氣中及電視上有什麼東西在發威？

一九九〇年，開創性的食譜《白熱》（*White Heat*）出版，揭開了這個主廚變名人的時代。那本書的作者是馬可・皮埃爾・懷特（Marco Pierre White）[22]。多年後，記者德懷特・迦納（Dwight Garner）給了他「倫敦美食界脾氣暴躁的當紅炸子雞」的稱號，並在《紐約時報》上如此描述：「在美國，至少一般百姓幾乎都沒聽過這本食譜。但是，在後來興起的烹飪熱潮中，巴塔利、張錫鎬等名廚認為，那本書或許是現今美食年代最重要的食譜。《白熱》改變了烹飪界的遊戲規則，改變了廚師看待自己的方式。」關於這點，迦納又進一步補充：

22 譯注：英國史上最年輕的三星主廚。

懷特本人就是焦點：《白熱》出版時，他才二十八歲，身型削瘦，留著一頭蓬亂的黑髮，有一雙銳利的眼睛，前臂上的血管明顯突起，像極了液壓的豬蹄膀。在他之前，知名大廚與美食作家往往是胖嘟嘟的爽朗人物，身材像俄羅斯套娃，例如詹姆斯．比爾德（James Beard）、茱莉亞．柴爾德（Julia Child）、利布林（A. J. Libling）。法國大師費農．普安（Fernand Point）不是那麼爽朗可親，但頂著大肚腩行走時，有如頂著一個烤肉爐。這些大師，不分男女，都不是特別性感的人物。

相反的，懷特先生看起來像在森林裡長大的。他長得像歌手吉姆．莫里森（Jim Morrison）、電影《瘋狂理髮師》裡的主角史威尼．陶德（Sweeney Todd）、詩人拜倫勳爵（Lord Byron）。他使用廚刀的模樣，就像李小龍揮舞著雙節棍。他看起來像把超級名模當圃鵐（ortolan）[23]放進嘴裡的人。

想了解青年在性格成形的關鍵期，為什麼會想要走上烹飪這一行並不難，尤其是那些內心充滿浪漫或憤怒，但看不出有什麼前途的青年。一九九〇年代，當另類搖滾風潮開始消失時，美食頻道（Food Network）上成天播放著各種美食節目，例如巴塔利主持的

23 譯注：保育類動物，但烤圃鵐在法國被視為珍饈，歐盟禁止獵殺及食用圃鵐。

《非常馬利歐》（*Molto Mario*）、《兩個胖女人》（*Two Fat Ladies*）、《鐵人料理》（*Iron Chef*）。如果說超脫樂團（Nirvana）的專輯《Nevermind》在流行音樂榜上的突破，是一九九一年的分水嶺時刻，那麼二〇〇〇年安東尼．波登（Anthony Bourdain）出版的《廚房機密檔案》（*Kitchen Confidential*），則堪稱那黃金十年的最後迴響。《廚房機密檔案》是一部經典中的經典，有如波登版的《懼恨拉斯維加斯》（*Fear and Loathing in Las Vegas*）、《巴黎倫敦落拓記》（*Down and Out in Paris and London*），只是多了帶有沙門氏菌的班尼迪克蛋。它使廚房生活感覺像搭上一艘充滿壞血病又險惡的海盜船，只有無所事事的混混才想搭那種船啟程。以前的廚師是戴著廚師帽、胖嘟嘟、脾氣暴躁的法國佬，後來的廚師變成了性格導演、無賴、前衛藝術家、電影《猜火車》（*Trainspotting*）的演員，靠山珍海味而不是海洛因來縮短壽命。（這些聽起來很有趣，等你發現波登和超脫樂團的主唱寇特．柯本〔Kurt Cobain〕最後都自殺身亡，就覺得沒那麼有趣了。）

別逼我說出那個詞。

好吧，沒有人對那種陳腔濫調有抵抗力。大家開始把廚師視為「搖滾明星」，隨之而來的是，他們開始享有名人地位，大家也自然而然地覺得名人有荒唐的舉止很正常。這是一種簡化的荒謬比喻，但就某種意義上來說，廚師**確實**開始像幾十年前的歌手那樣，進入我們的文化對話中，甚至還占有主導地位。廚師現在成了反主流文化的化身，散發出一種「少惹我」的叛逆風格，歌手吉米・罕醉克斯（Jimi Hendrix）、巴布・狄倫（Bob Dylan）、珍妮絲・賈普林（Janis Joplin）等人曾是那種風格的代表。

那是一種看世界的簡單視角，怪的是，那視角完全無法套用在雷澤比身上，他身上只有一點點「搖滾明星」的味道。他身邊完全沒有流傳任何放蕩不羈的八卦故事，他不耍大牌，也不搞曖昧。這幾年我斷斷續續進出雷澤比的生活圈子時，很少看到他喝酒——即使他喝了，那興致似乎很快就消失。有些讀者翻開這本書，可能會急著想看雷澤比有沒有什麼放蕩不羈的言行，但我可能要讓你失望了，因為雷澤比既是忠誠的丈夫，也是寵愛女兒的好爸爸。他講起話來也不是那種砸吉他、燒毀一切的狂野語氣。他似乎對叛逆毫無興趣。他是工作者、創造者、完美主義者、苦幹實幹的策劃者，他討厭冷漠與懶惰。當然，某種獨特的魔力驅動著他，但那種魔力不是靠破壞旅館房間及放蕩的自我毀滅來拉抬名氣。他的特殊魔力比較像是《大國民》（*Citizen Kane*）、《教父》（*The Godfather*）、《大亨小傳》（*The Great Gatsby*）的觀眾所熟悉的魔力。那種魔力會促使某些**人聚集起來**，而不是搞得一團糟。

雷澤比不是希德・維瑟斯（Sid Vicious）[24]。如果我們以一九七七年出生作為基準，我想我們可以拿他跟臉部特寫樂團的主唱大衛・拜恩（David Byrne）相比。臉部特寫樂團似乎隨著《Stop Making Sense》專輯中的每首歌在舞台上擴散，逐漸凝聚力量，形成一個多元的文化體，混合著翻騰、嘈雜、旋轉、飛快的和弦。

哥本哈根是那種特質的源頭，只要你知道往哪裡看，你可以在整個城市中感受到他的存在。美食記者前往哥本哈根報導雷澤比時，通常是把 Noma 餐廳作為整趟旅程的最後高潮，但在那之前會有一週左右的鋪陳期，就像吃完開胃菜後才上主菜一樣。Noma 有如神經網路的脊柱，往外開枝散葉。你得先去造訪 Amass 餐廳，它的主廚麥特・奧蘭多（Matt Orlando）曾是 Noma 的資深廚師。他以看似不費吹灰之力的功夫，為餐廳的特色套餐添加了一縷柑橘的陽光（奧蘭多是在加州聖地牙哥市郊長大的）。如果你想從餐桌起身走動，服務生會邀你到篝火邊待一下子，他們每天晚上都會在濱水的花園裡點燃篝火。你也得造訪 Sanchez 餐廳，它的主廚羅西歐・桑切斯（Rosio Sanchez）也曾是 Noma 的資深廚師。這裡（沒錯，在丹麥）有墨西哥海外最棒的塔可與莎莎醬。你也知道，你一

24 譯注：著名龐克樂團性手槍的貝斯手兼合唱，但據傳沒有現場演奏的能力，甚至可能對音樂一竅不通，樂團表演時，後台往往有人代替他彈奏貝斯。

定要去 Noma 的資深廚師克里斯群・葡格立西（Christian Puglisi）開的餐廳朝聖一下：他在 Bæst 餐廳供應的披薩、他的酒吧 Manfreds、他在 Relæ 餐廳供應的特色套餐。你知道，如果你漏了 Kødbyens Fiskebar 餐廳的美味海鮮，就是愚不可及的傻瓜。那也是 Noma 的資深廚師安德斯・塞爾莫（Anders Selmer）開的，他是雷澤比的摯友。這些人——塞爾莫、桑切斯、奧蘭多、葡格立西——都是「雷澤比黨」的成員，他們就像一家人。對哥本哈根那些活在雷澤比太陽系外或周邊的大廚來說，這種動態可能令他們抓狂。那些充滿影響力的美食作家與編輯為了 Noma，經常搭機前往哥本哈根。你可以在 Instagram 上追蹤他們的足跡，但是你要哄他們去一家跟雷澤比無關的餐廳，比登天還難。哥本哈根的餐廳只分兩區：Noma 區與 No-Man（無人）區。

Noma 區也向外延伸到全球五大洲。你對雷澤比隨便講一座城市，他都能推薦你去哪裡用餐。他會告訴你**一定**要去哪裡用餐，他認識那家餐廳的大廚，他希望你馬上跟那個人聯繫，而且他還不准你不去。有些人喜歡推薦餐廳，有些人（包括我）不止喜歡推薦，還會強迫中獎。雷澤比不止強迫中獎，他是逼你非去不可。他對於「錯過美食」這件事深惡痛絕。（我跟著他和他的團隊在墨西哥旅行時，有時別無選擇，只能將就吃那些賣給觀光客的平庸餐點——那種情況下，大家都很餓，又沒有其他的選擇。每次遇到這種迫不得已的情況，雷澤比總是特別絕望。）他推薦的餐廳往往是他的盟友開的，也就是說，他在全球五大洲都有朋友、徒弟、得力副手。這串名單很長，包括紐約的張錫鎬、鮑文、懷利．杜弗雷斯納（Wylie Dufresne）；華盛頓特區的何塞．安德烈斯（José Andrés）；墨西哥城的奧爾韋拉；雪梨的鄺凱莉（Kylie Kwong）；洛杉磯的潔西卡．科斯洛（Jessica Koslow）；舊金山的丹尼爾．派特森（Daniel Patterson）；太平洋西北地區盧米島（Lummi Island）的布萊恩．威采（Blaine Wetzel）；義大利的馬西默．博圖拉（Massimo Bottura）、法國的米歇爾．特瓦葛羅（Michel Troisgros）。雷澤比在他們之間，就像教父一樣，可以隨時召喚這些夥伴登場。

在奧爾韋拉的餐廳享用大餐後，我在這趟旅程中又見到了更多人，而這趟旅程才剛開始而已。當時我完全不知道，後續幾年會是一趟如此精彩的歷程，我常突然意識到自己身處在一連串意想不到的情境中。例如，在猶加敦的小村裡，跟著馬雅婦女學做玉米餅；在挪威北極圈的一艘漁船上漂浮；在雪梨邦代海灘（Bondi Beach）邊的山坡上採收水田芥（watercress）[25]；在布朗克斯（Bronx）與一位糕點師傅一起追蹤味道的神經與分子途徑。我可能在一開始婉拒了這趟旅程，但雷澤比就是有本事拗到你答應為止。我抗拒

25 編注：又名西洋菜、豆瓣菜，深綠色的葉片小而圓，有些微的芥末味，嫩葉和莖均可食用。

一陣子後，就不再掙扎。不久我就意識到，他要去的任何地方，都是向前邁進的關鍵，沒有理由不跟著他四處闖蕩。畢竟，為什麼尼克．卡拉威（Nick Carraway）要一直跟傑伊．蓋茲比（Jay Gatsby）[26]在一起呢？我心知肚明我的人生需要好好重振一番，雷澤比知道他自己的人生也需要，甚至他可能也知道我很需要。

二〇一四年五月，我們第一次去墨西哥時，雷澤比與妻子娜汀．勒維．雷澤比（Nadine Levy Redzepi）有兩個女兒——雅文（Arwen）與根塔（Genta），第三個孩子小羅（Ro）在幾週後出生。那時他們剛搬進新家，雷澤比告訴我：「我們買了一個跟廢墟差不多的地方，已經三十八年沒翻修了，就在 Noma 旁邊，是一棟真正的房子，走路上班只要七分鐘。」二〇一三年他吃足了苦頭，彷彿去地獄走了一遭。Noma 在連續三年獲評為「世界最佳餐廳」後，發生了幾十位客人在用餐後感染諾羅病毒而上吐下瀉的悲劇，使 Noma 跌落雲端。即使這一切純屬意外——後來追查出病毒是來自一批變質的淡菜——對他來說也是顏面掃地的轉折。誠如一則新聞報導的標題所寫的：「全球頂尖名廚在 Noma 爆發諾羅病毒後黯然神傷」。如果現在是東山再起的時候，那還需要下很大的功夫。

---

26 譯注：尼克．卡拉威和傑伊．蓋茲比，都是《大亨小傳》裡的人物。

「兩天前，我吃下我的第一顆贊安諾（Xanax）[27]。」雷澤比告訴我。

我們——雷澤比、鮑文、唐諾拉和我——從墨西哥城搭機來到瓦哈卡機場，現在坐在機場內枯等。從肉體和精神上來說，我們都處於地獄的邊緣。應該有人來接我們的，但放眼望去，看不到半台車。機場的入站大廳有如鬼城，空無一人。清晨的陽光令我們蜷縮起身子。雷澤比說這天從一開始就不順，他一早在墨西哥城，牙刷就掉進馬桶了。

「你們有感覺到這裡的空氣不太一樣嗎？」雷澤比問道。我注意到，每次我們離城市越遠，他的滿足感就會大幅提升，但內心依然焦慮。他穿著人字拖及寬鬆的藍襯衫，微微散發出音樂劇《萬世巨星》（*Jesus Christ Superstar*）的氛圍。他點了一根菸，他不該抽菸的，但他偶爾會抽一下以紓解壓力。菸就像贊安諾，他能不抽就不抽，但是……

鮑文站著，茫然地望著遠處的山丘。「唉，這裡真美。」他說。

我們到機場外等了一會兒，時間似乎靜止不動了。我們可以叫計程車，只是周遭完全看不到計程車，我們也不知道要去哪裡。有人通知這裡的廚師艾利杭德羅．魯伊斯

27 譯注：一種抗焦慮藥物。

（Alejandro Ruiz）說我們會來，但沒有人知道怎麼聯繫他。在墨西哥旅行讓雷澤比學到，他需要放寬他在北歐習慣的守時標準。雷澤比說：「他們很多人不會把事情寫下來，他們似乎都不太擔心。」

於是，我們繼續等待。

「現在，我的丹麥性格開始發作了，我必須冷靜下來。」雷澤比一邊說，一邊用力地吸了一口菸。

我們繼續等待。

「我打電話給安立奎（Enrique）好了，因為沒有人來接我們。」他說。

雷澤比打手機時，鮑文和我聊了起來，他也覺得自己陷入了低潮。他以龍山小館的主廚身分走紅，獲得詹姆斯比爾德的新銳主廚大獎後，在紐約下東區開了一家餐廳。那家餐廳被發現有老鼠出沒，遭到市立衛生局強制關閉，使他顏面盡失。幾個月前，也就是二〇一三年的秋天，當他接獲消息時，正在舊金山一家旅館的房間裡，整個人因恐懼與尷尬而動彈不得，兩眼緊盯著天花板發呆。後來他終於接起電話時，聽到電話那頭傳來丹麥口音：「他們是來打擊你的。」雷澤比告訴他，「他們嗅到鮮血的味道，你受傷了，他們是來打擊你的。」

幾個月後，鮑文穿著白色運動鞋及黑色短褲來到這裡，融入瓦哈卡機場的寂靜中，成為雷澤比「浴火重生團」的一員。他若有所思地對我說：「突然間，你跟著全球最棒的廚師來到了瓦哈卡。這到底是怎麼一回事？」

鮑文戒了酒，也戒了咖啡，他正考慮連肉類也戒了。那段在紐約短暫爆紅的日子，使他的自我不斷膨脹，開始不停地參加派對狂歡。他喝太多，也吃太多了，三十出頭就已經感到厭世。「身為廚師，吃東西本身就是工作，那實在很累。」他說，「而且抱怨這種事可能會遭天譴。」在舊金山的旅館房間裡，雷澤比在電話裡對他說：「別擔心，別聽那些屁話。你很棒，你會撐過去的。」

「他特地花時間那樣做，可見他真的是好人。」鮑文說。

我們又等了一會兒，雷澤比還是找不到人來接我們。鮑文穿著短褲站在陽光下，嗅著瓦哈卡的空氣說：「基本上，我還是不知道我在幹嘛。」

終於，一通電話來了。「是那個廚師，」雷澤比說，「他以為是約九點半，歡迎來到墨西哥。」要嘛是我們早到一小時，不然就是對方晚到一小時，我們需要學習適應這種步調。

「各位，準備好了嗎？」雷澤比問道。我們進市場囉！

閃閃發光的牛肚；紅黑色油亮的血腸；掛在櫃台上的里脊肉有如蒼蠅降落的跑道；滿袋的雞心；被屠宰的豬臉上依然掛著微笑、內臟掛在體外滴水……野生櫻桃、仙人掌果、長刺的水果、皮可以吃的酪梨、聞起來像甘草的酪梨葉……切片的椰肉上，撒了辣椒粉及萊姆；鮮紅色的番茄，紅到讓雷澤比想起，以前父親帶他們回祖國時看到的番茄……一種叫「甜百香果」（granada de moco）的水果，剝開後看起來像一坨黏液裡點綴著脆硬的種子……熱帶水果的味道，玉米餅的香味，還有屎尿的氣味……塑膠水槍、粉紅色的絨毛玩具、聖母瑪麗亞和釘在十字架上流著血的基督……在陽光下曝曬的香草、人們頂在頭上移動的青草、傳教士或薩滿低聲祈禱時抹在女人腿上的藥草——「你看，療程正在進行。」雷澤比說——內臟被豬油煎得滋滋作響……五顏六色的辣椒、五花八門的堅果、堆成金字塔狀的棕櫚糖、一罈罈的羅望子醬……小嬰兒吸吮著裸露的乳房、年輕女性的圍裙上濺滿了炸五香蚱蜢……迷你的綠色李子看起來像橄欖，雞在大火上方旋轉，下方燃燒的木屑傳出陣陣香甜的氣味……「我這輩子看過無數旋轉烤雞爐了，但

雷澤比與鮑文在瓦哈卡的街頭市場。

這是我見過最特別的。」雷澤比說。

塞繆爾・詹森（Samuel Johnson）曾說：「一個人厭倦倫敦時，也厭倦了人生。」一個人走在熱鬧的墨西哥市場，如果還是無法振奮起來，他的內心肯定已經死了。觀察雷澤比走在墨西哥的市場——其實任何市場都可以，但是在瓦哈卡的市場特別明顯——彷彿近距離接觸吸食迷幻藥的人，自己也會跟著嗨了起來。雷澤比在瓦哈卡的餐廳老闆魯伊斯的帶領及鮑文的陪同下，時而喃喃自語，時而大喊大叫，彷彿陷入迷幻狀態似的。他像吃了胡蘿蔔後精力旺盛的兔巴哥（Bug Bunny）[28]那樣橫衝直撞，到處試吃玉米餅、李子、羅望子、油膩的象牙果，一邊走一邊吐出種子與外殼。他拿起一束綠葉驚呼：「你們看這株土荊芥（epazote）[29]長得真好。」

「吃墨西哥酥餅不搭配這個，就像戴保險套做愛一樣。」魯伊斯說。

我們看到兩個女人站在一桶液體旁邊。魯伊斯說：「你們一定要試試這個。」這種飲料叫 Tejate，是哥倫布發現美洲大陸以前就有的東西，由玉米、發酵的可可、馬米果

28 編注：美國華納動畫旗下的卡通人物之一，又譯為賓尼兔，於一九三八年首次登場。總是喜歡拿著一根胡蘿蔔，斜倚在樹幹或欄杆上啃著，笑聲聒噪，有全世界最愛歡迎的兔子之稱。

29 編注：原產於熱帶美洲，具有與龍蒿和茴香類似的氣味，但更加強烈嗆辣，墨西哥人經常用它入菜，尤其是猶加敦料理。

（mamey fruit）[30]的果核、開在樹上稱為 rosita de cacao 的墨西哥白花混製而成。這種飲料的顏色與稠度，讓人想起紐約一家老熟食店賣的巧克力蛋蜜乳。米白色的泡沫漂浮在液體上，看起來像法式甜點漂浮島上的蛋白霜。我們買了幾杯來喝，一口氣喝完，味道像古早味的巧克力牛奶。「哇，很特別。」鮑文說，「上頭的東西像奶油一樣。」

雷澤比像小孩子玩彈珠台遊戲那樣，驚喜連連，不斷有新的玩意兒朝他的方向投射過來。「你聞聞它的味道，你會很訝異。」他一邊說，一邊抓起一束綠色植物，把鼻子埋在裡面。

「他們用羅勒來淨化靈魂。」魯伊斯解釋，「他們相信有那種效果。」

「看這些小芒果。」雷澤比興奮地接著說。

「你吃過這種李子嗎？」魯伊斯問道。

雷澤比瞥見一個冒著泡的鍋子。熱鍋的中央是一堆肉，用那些肉被逼出的肥油煎煮著。熱鍋的邊緣有一道溝槽，狀似護城河，裡面滾著黑紅色的辣肉湯。老闆的手肘邊有

30 編注：又譯為人心果，屬山欖科植物，原產於中美洲，台灣稱之為媽咪果或樹木瓜。樹高十五至二十公尺，果實呈橢圓形，果皮呈深褐色革質，具有一到四個紡錘狀的種子。果肉為橙紅色，肉質甜美，帶有類似地瓜或南瓜的香味。果實除了生食，還能製成奶昔、冰沙或冰淇淋等甜品。

一疊玉米餅。「我們能吃下多少玉米餅？」這裡是老外無法裝懂的墨西哥。這東西道地嗎？「沒有人知道什麼算道地。」雷澤比說，「有些人在洛杉磯吃過三家墨西哥餐廳，就突然變成專家了。我要買個皮納塔（piñata）[31]……」

「那東西你要怎麼打包回家？」鮑文說。

⚜

我們在瓦哈卡之家（Casa Oaxaca Cafe）的戶外露臺上找了張桌子坐下來。那是魯伊斯在鎮上擁有的多家餐廳之一。考慮到我們即將接觸的各種美味，魯伊斯語帶謙遜地說：「這裡是盛產玉米的地方，所以你們會看到各種不同的玉米使用方式。」聽起來彷彿內行人才懂的笑話。魯伊斯稍微自我介紹了一下。他從小在一個自給自足的農場長大，裡面都是自由放養的雞與豬，他會擠牛奶。有時為了抓雞給母親燉雞湯，他必須追著母雞跑。那個農場並不賺錢，但全家吃得很好。「我生在一個有一百戶人家的村子裡，」他說，「我告訴自己，如果以後我能去美國，我不會去那裡找工作，我會去那裡**度假**。」

31 譯注：一種紙糊的容器，裡面裝滿玩具與糖果，於節慶或生日宴會上懸掛起來，讓人用棍棒打擊，打破時玩具與糖果會掉落下來。

他的父親曾為了越過美墨邊界去德州謀職而差點喪命。「機遇之地」——對於這個詞只適用在墨西哥北部那個浮腫的鄰國，魯伊斯似乎有點惱火。「這裡也有可能，」他說，「你必須相信這點，而且需要為此而努力。」如今的他，身材魁梧，是個白手起家的大老闆，事業心旺盛。不過，他就像雷澤比一樣，十五歲就開始在專業廚房裡烹飪了。

魯伊斯改變了話題。「你知道嗎？」他說，「我好餓，我太太兩天不讓我吃東西了，我只好拿你們當藉口。」接著，美食開始像空襲一樣撲天蓋地而來。軟玉米餅淋豆醬（enfrijoladas）、奶油番茄汁牛肉卷（entomatadas）、墨西哥辣椒餅（chilaquiles）、墨西哥煎蛋（huevos rancheros）。雷澤比喝下一杯由生薑、橘子、芭樂製成的果汁。蛋黃的鮮黃色令他感到驚奇。他品嚐軟玉米餅淋豆醬時——那是一道極簡的菜，只是把玉米餅泡在豆醬中，那醬汁隱約帶有一點酪梨葉的味道——彷彿吸食迷幻藥突然回想起過往似的。那道菜乍看之下只是一盤豆泥，但嚐起來簡直是人間美味。

「大廚，」他對魯伊斯說，「你覺得這個味道你已經習以為常了，但是對我來說，這是我在墨西哥吃過最棒的。這葉子的味道實在太特別了，我簡直不敢相信，我都起雞皮疙瘩了。」

「我從來不給食物拍照的，但這次我必須拍一下。」鮑文說。

「我不敢相信這是豆醬！」雷澤比繼續說，「你知道嗎？這種醬要熬煮半天，因為充滿多種風味，吃起來好像用三口，就把整個餐廳的特色套餐都吃下肚一樣。」丹麥做不出這種東西，你可以試試看，但一定會失敗。「你一定要用酪梨葉。那個酪梨葉一定要從瓦哈卡附近山丘上的小樹摘下來。」

魯伊斯坐在餐桌的主位上不發一語，滿意地觀察這一切。當然，墨西哥菜的複雜性對他來說一點也不奇怪。

「有事情正在發生。」雷澤比說。

我後來得知，他是指他的腦袋瓜裡有事情正在發生。某種意義上來說，他是指他對那道菜的反應，有一種近似靈魂出竅的感覺。

魯伊斯得意地笑了。「對，對，」他說，「有事情正在發生，它一直都在，我們一輩子都是這樣吃東西的。」

鮑文也密切關注中。最近他（似乎有點倉促）在紐約開了一家叫 Mission Cantina 的墨西哥餐廳，風評不是很好。《紐約時報》的食評家皮特．威爾斯（Pete Wells）給了它一星的評價（滿分四星），形容那裡「匪夷所思地難吃」、「明明是個指尖會迸出火花的廚師，卻端出一盤濕火柴」。

在瓦哈卡面對著烹飪的真實與美好，鮑文似乎痛苦地意識到，在玉米麵團與莎莎醬的領域裡，他只不過是個業餘的愛好者。

他向魯伊斯坦言：「像你這種大廚，從小就做這道菜，這種風味已經融入你的血液裡了。對我來說要掌握那種精髓很難。」鮑文抓起一塊玉米餅咬了一口，閉上眼睛，露出開心又羞愧的表情。「現在我做的玉米餅……」聲音漸小，它們很乾澀，不成形，「我沒加油脂，也許我應該添加油脂。」

「我覺得是玉米的品質不同。」魯伊斯說。

「那是我的問題，」鮑文說，「我是用美國玉米。」

「等一下我們可以一起做做看。」魯伊斯說。

用完早餐後，魯伊斯帶著雷澤比與鮑文到烤盤邊去做玉米餅，那個烤盤看起來像蓋著一層石灰。但製作過程不太順利。

「為什麼都是女人做玉米餅？」雷澤比問道。

「男人不能做玉米餅。」魯伊斯回答，「那是文化問題。現在還有一些村莊，男人甚至不進廚房。」

這可視為一種啟示，也可以視為一種警訊。玉米麵團黏在兩位客人的指尖與手掌時，

鮑文和雷澤比在瓦哈卡學習製作玉米餅（2014）。

魯伊斯與負責顧烤盤的女士們都禮貌地忍住笑意。他們兩人做的玉米餅要嘛太薄，要嘛太厚，要嘛太黏，都不及格。

鮑文說：「膨不起來的話，就不算正統的玉米餅了。」

雷澤比說：「膨不起來的話，就是老外餅。」

「我根本是在獻醜。」

「慢慢來……」

「我知道，」鮑文說，「真的很難。」

雷澤比喃喃地說，有個無知的歐洲人，試圖熟悉墨西哥人已經做了好幾百年的東西。

「但你們不是比較先進嗎？」魯伊斯調皮地說。

⚜

雷澤比與鮑文在瓦哈卡的街上漫步，不時鑽進隱蔽的角落裡探索，那裡的街景彷彿像當代畫家克里斯·奧菲利（Chris Ofili）[32]設計的彈珠台。

---

32 譯注：奧菲利利用樹脂、珠子、油畫顏料、閃光劑、大象糞便、色情雜誌的剪報作為繪畫元素。有人把他的作品歸類為「龐克藝術」。

雷澤比說：「想像一下，如果我們在這裡待久一點，我們可以吸收多少精華……」

鮑文點點頭，但紐約還有很多事情等著他完成。他和妻子詠米・梅爾（Youngmi Mayer）有個新生兒米諾（Mino），他們還在墨西哥城等他。

「看我們能不能在三點前趕到土倫。」雷澤比告訴他，「你可以去加勒比海游一下，那比服用一萬五千顆贊安諾的效果好多了。」

這趟遠行，對他們兩人都有好處，他們也都心知肚明。Mission Cantina 和龍山小館所面臨的挑戰，讓鮑文重新思索他所做的一切。去年，雷澤比則是面臨諾羅病毒帶給 Noma 以及他個人聲譽的打擊。雷澤比說：「無盡的墜落已經結束了。那件事讓我很生氣，彷彿一場永無止盡的轟炸，我心想：『Noma 要等到何時才會出現好消息？』你以為我們在家鄉被當成英雄推崇嗎？根本沒那回事。」

無論是在廚房裡，還是接受訪問的時候，雷澤比都不想掩藏那股怒意。他把憤怒發洩在烹飪上，以滿腔怒火指導廚房裡的廚師製作餐點。這就是他所謂的「怒火烹調」（cooking angry）。

「那就像一種飢渴。」鮑文說。

「一種正面的怒火。」雷澤比附和說。（他體會過負面的怒火是什麼樣子。據說多年前，他會把 Noma 團隊的每個成員都趕出廚房，叫他們在外面排隊站好，然後像精神錯亂的教官那樣對著每個人的臉大喊：「去你媽的！」）

無論那是什麼情緒，總之，那樣發洩是有效的。就在幾週前，也就是今年的四月，Noma 在年度五十家最佳餐廳的榜單中重奪桂冠。鮑文看了現場直播。

「你看起來非常驚訝。」他說。

「我確實非常驚訝。」雷澤比說，「今年，我們原本心想：『不可能，這不可能發生。』重點不是拿第一。二〇一三年對我們整個團隊來說都是非常艱辛的一年。表面上看不出來我們過得很艱辛……」

鮑文說：「但內心深處……」

終於含冤昭雪，一吐怨氣。

雷澤比說：「所有的人突然都冒出來了，他們紛紛對我說：『我知道我們有兩年沒聊了，我們可以訂一桌嗎？』總之，我根本不認為我們是第一名。我覺得這世界上根本沒有最好的餐廳。」

「我覺得有。」鮑文說，「我覺得 Noma 就是。」

「總之，得獎點燃了我們的熱情，我們變得更有生氣了，整個團隊關係也變得更緊密。」

這時我們來到瓦哈卡之家的屋頂上。魯伊斯和他的員工已經擺好了一桌新鮮水果，以及玉米餅和莎莎醬。

「這是我吃過最好的莎莎醬。」鮑文說，「我感覺通體舒暢。」

「你確定你不想換機票嗎？」魯伊斯問他。

「今天，我好像全身淨化過了一樣。」鮑文說。他若有所思地提到他之前經歷的過度狂歡階段，那時他整個人沉醉在大家的吹捧中。「與此同時，我的餐廳正在節節敗退，分崩離析，因為我根本沒注意當初我是怎麼走紅的。」他看起來好像快哭出來似的，「後來，我退後一步，就成長了。」

「你知道嗎，大廚，沒有什麼事情是攸關生死的。」雷澤比說。

「《紐約時報》年度最佳餐廳，然後隔年就把你打得跟落水狗一樣。」

「你走進森林，割傷了，狼聞到了血腥味。」

「糟透了。」鮑文說。

「永遠別想掌控災難。」雷澤比說，「你拿它沒輒。」

說到掌控，我想知道我們離開瓦哈卡的航班。時間已經很晚了，但似乎沒有人想提起行李或是去機場的事。我們仍在瓦哈卡之家的屋頂上，喝著梅斯卡爾酒，吃著玉米片，看著太陽落在馬路對面的大教堂上。在瓦哈卡的紫色暮光中，時間好像緩下了腳步，但……這樣下去不是會錯過轉機的航班嗎？我們不是要在下午五、六點飛回墨西哥城嗎？現在不是已經五、六點了嗎？我們不是還要從墨西哥城飛往坎昆，然後開車幾個小時穿過叢林去土倫嗎？難道只有我一個人對此感到不安嗎？現在是每個人都心神恍惚了嗎？

幾個小時後，我滿頭大汗、睡眼惺忪地從新生活旅館的蚊帳床上爬了出來。新生活——去哪裡找一個比這個更完美的名稱呢？我累了，昨天喝的梅斯卡爾酒與疲勞似乎在我的大腦線路上塗了一層酸澀的鐵鏽。但幾週以來，我第一次覺得，一種充滿可能性的感覺，讓我整個人精力充沛。Noma 的菜單上充滿了五花八門的食材，很多人甚至不知道那些東西是可以吃的，例如麝牛與奶皮、沙棘與海濱芥、香蒲（bulrushes）[33]與

33 編注：又稱水燭，是一種生長在水邊的濕地植物。春夏之交時，其地下嫩莖脆嫩美味，亦是製紙或草蓆、草帽等傳統藝品的重要原料。

白樺冰沙、熊蔥葉（ramson leaf）[34]與花楸嫩芽（rowan shoots）[35]、石蕊地衣（Cladonia lichen）[36]與冰島紅藻、豬血、螞蟻與乾草。不知怎的，雷澤比把焦點放在他尋覓、發酵、煙燻、打撈的那些食材的極致美味上。也許更令人驚訝的是，他就是有辦法讓你親手拿起那些東西，放入嘴裡品嚐。他給人的感覺是充滿使命感。他的終極推銷辭令，一言以蔽之就是：再看一眼，有那麼多東西可以吃。

他的這種思考習慣——對新景象、新氣味、新口味、新對話的無盡欲望——難免會感染任何一個走進他圈子的人，在墨西哥更是如此。我獨自旅行時，只要能躺在吊床上看書，一直看到晚餐時間，就感到心滿意足了。但雷澤比不會讓我閒著，他有他的計畫。我沿著海灘漫步到他住的斑馬旅館時（那裡已經變成他在土倫的鄉村度假小屋），我發現他在海浪邊的躺椅上昏睡。他穿著一件紅色的泳褲，整個身體看起來曬得紅通通的，

---

34 編注：熊蔥又名野韭菜，因熊喜歡採食而得名。葉子和花都能食用，風味與一般韭菜相似，但氣味較淡，可做成青醬，是歐洲春季常見的野菜。

35 編注：又名歐洲花楸、歐洲山梨，分布於歐亞大陸與北非等地。花楸嫩芽和花苞帶有甜味，橘紅色的果實則帶有苦杏仁味，但烹調後可去除。

36 編注：真菌的一種，廣泛分布於世界各地，在台灣也能見到它的蹤跡。用清水經數次的浸泡清洗，便可用於烹煮，帶有些許蘑菇風味。

跟泳褲的顏色差不多。他說：「這很值得，我睡得很好，我在一個快樂的地方。」

他指著海水對我說：「你一定要跳進加勒比海，我會逼你跳進去。」

雷澤比是在一個與這裡截然不同的海灘上，經歷了他身為廚師的突破。那時，他沿著丹麥的海岸散步，發現一些海韭菜（arrowgrass）[37]。一如既往，他把海韭菜放進嘴裡加以咀嚼，覺得它嚐起來像芫荽。於是，他滿腦子想著如何利用這種大家忽視的海灘雜草，來為Noma的菜餚調味。他告訴我：「那是真的靈光乍現，我第一個想到的是，我要向團隊展示這個東西，告訴他們：『這是本地植物，你們可能在海灘上踩過這種植物上百次了。』他們的反應會是：『啊……』，世界比他們想像的還大。」一九二一年，丹麥在一個樹幹做成的棺材中，發現死於青銅時代的「艾特維女孩」（Egtved Girl）的分解遺體。一份報告指出，她的遺體旁邊有一束蓍草，以及「一桶由小麥、蜂蜜、沼澤桃金孃（bog myrtle）[38]、越橘（cowberry）[39]釀造的啤酒」。由此可見，說到Noma及其搜尋食材與發酵的方式，艾特維女孩可能比雷澤比早了幾千年。

---

37 編注：生長於海邊鹽質沙灘或高海拔濕砂地，全株和果實均可食用，亦為中藥材之一。

38 編注：屬楊梅科的開花灌木，它的葉子可作為茶飲或調味料。在啤酒花被廣泛使用前，曾被用於製作啤酒。

39 編注：屬杜鵑花科灌木，野生的歐洲越橘廣布於挪威和瑞典，有「北國紅豆」之稱。成熟果實的風味酸甜，可直接生食或製成果醬，葉子也能作為茶飲。

現在，我們坐在離大海不遠處，雷澤比告訴我，他正在規劃一些新方向。我不知道他在暗示什麼，但未來幾年會慢慢揭曉。雷澤比在 Noma 的早年經歷，只不過是他即將冒險與改變的前奏。

「莫蕾給了我很大的啟發。」他說，「莫蕾不能只存在墨西哥——我敢肯定。」

這是什麼意思？他是指會有丹麥版的莫蕾嗎？

「也許有某種東西，我只是需要搞清楚那是什麼。尋找新風味——這讓我非常興奮。」

對於去年 Noma 從谷底翻身、重返榮光的方式，他感到相當自豪。「我們在二〇一三年確實達到一個新境界，我們打開了通往新世界、新創意、新信心的大門。我想，有時不服輸是好事。」有時，面對失去一切的可能性是好事。有時，或許，拋棄一切慣例、重新開始是好事。有時，尤其是對那些彷如行屍走肉的人來說，在你變得自滿之前，改變一下是好事。「改變事情，改變慣例，別再做過去五年你一直在做的事情了，讀本新書。」他說，「現在我正處於一個很好的時點，我感到心滿意足。這樣做真的有效，我已經可以預見未來三、四年的創意了。在那之後，我計畫在 Noma 做一個大轉變。我們拭目以待，看那會不會發生，但我已經有想法了。」

我們的下一位訪客出現在海灘上。他留著大鬍子，穿著涼鞋，眼睛與牙齒閃耀著超現實的光芒。雷澤比對他說：「你看起來像住在加州某個山區的傢伙。」他是我們的導遊，名叫艾瑞克・維爾納（Eric Werner）。

如果說雷澤比已經養成每年來墨西哥尋找靈感及休養生息的習慣，那麼維爾納又進一步提高了他對墨西哥的渴望。他是美國人，十幾歲時成了孤兒，本來在紐約擔任廚師，後來對那種生活深惡痛絕，痛恨到乾脆與妻子米亞・亨利（Mya Henry）一起搬到土倫來。他們夫妻倆在這裡經營著沒有屋頂的哈沃德餐廳（Hartwood）。在那裡，每晚都可以看到維爾納瞪大著眼睛，站在高溫的柴火旁烤著肋排與章魚腳，烤得滿身大汗。他也許脫離了紐約那個修羅場，卻未放棄烈火。

「我剛來這裡時，人生有個空虛需要填補。」維爾納說，「我們烹飪在地的所有食材——馬雅世界的一切東西。但我絕對不會去寫馬雅食譜，因為那是他們的東西。我也永遠不會去買他們的土地，因為那也是他們的資產。這裡有很多世界，海洋世界，海上世界，海底世界，粉紅色的河流。在貓河（Rio los Gatos）附近，有一條粉紅色的河流，裡面全是蝦子。」他談到天然水井，那是幾千年前一顆小行星和它的碎片，落在猶加敦半島上所形成的深層淡水湖，他也談到河螺、鹽灘，以及從地下噴湧出來的淡水噴泉。

不過，住在這裡不是某種魔幻現實的白日夢。維爾納在這裡感染了傷寒，曾經發高燒到四〇．五度。他說：「差點要了我的命，整個人完全陷入幻覺。」他覺得鞋子裡有蠍子；去樹林裡為餐廳砍柴火時，覺得狼蛛從樹幹與樹枝爬了出來。他把蛇視為一個生態系統和諧運作的例子。「你遇到一條毒蛇時，五到十英尺外就可以找到解藥。」他相信草藥和自然療法。酷熱難擋時，他會把一小撮的墨西哥奧勒岡葉放在耳後。他說：「那可以馬上幫你降溫。」前一天晚上，他忙著為餐廳晚上的營業做準備時，一隻當地的惡毒馬蠅在他的手臂上咬了一口，使他的手肘腫了起來。他馬上切開一片肥厚多汁的蘆薈，把黏稠的蘆薈露直接擠在傷口上當藥膏。

維爾納看起來像曠野中的施洗約翰（John the Baptist），是在地食材的狂熱者。只不過他聽到的神聖聲音，是來自某個距離土倫數小時車程的叢林農場。那裡有一個馬雅家庭種植蔬果，哈沃德餐廳的食材都是來自那裡。那個農場不用殺蟲劑，也不施肥。對美國的遊客來說，那個地方可能還達不到他們對「農場」的傳統預期，稱不上是農場。

「很多人認為，如果你有一個農場，你就必須清除當地的所有樹木。」維爾納解釋，

「糟糕的農場才那樣做。」

原來我們今天要去參觀那個農場。事實上，我們現在就要出發了。

「我背包準備好了，砍刀也準備好了。」維爾納說，「一切都準備就緒了。」

「好，」雷澤比說，「Vamos al rancho（咱們出發吧）。」

我們離開土倫時，維爾納想起一件事。他說：「等一下，你們身上都沒帶大麻吧？我得先檢查一下。」武裝警察常駐守在這個半島上，他們經常攔車搜查，尤其是一輛車載著四個白人男性，看起來像前一晚才在海灘上狂歡的樣子。不久，我們就駛離了土倫的度假飯店區，周邊的叢林越來越密。有翅的昆蟲成群結隊，如一陣五彩繽紛的濃霧般飛過。

「這條路上的蝴蝶一直很濃密。」雷澤比若有所思地說，「到處都是，感覺像昆蟲的嘉年華，到處都可以聽到牠們振翅的啪嗒啪嗒聲。」雷澤比這麼說時，傾身向前，仔細端詳擋風玻璃上的紫色汙跡。那些撞死在玻璃上的昆蟲，看起來像傑克遜．波洛克（Jackson Pollock）的潑墨畫。我突然想到，雷澤比可能是唯一想過把那些昆蟲變成餐點的人。我猜的沒錯，他說：「把它刮下來，做成魚露，醃漬，等待七個月，看會變成怎樣。」最近，他一直在閱讀有關魚露的文章，那是一種味道刺鼻的調味料，源頭可追溯到古羅馬與希臘。「回去應該用小蟋蟀試試看。」他繼續說，「現在我們有一個發酵廚房了。在哥本哈根，我們把魚露的作法套用在昆蟲上，結果也行得通。」

「不知道套用在蜜蜂上適不適合。」開著吉普車的維爾納說。

雷澤比說：「可以套用在幼蟲上，我們正在用幼蟲做實驗。你可以像烤杏仁那樣烤牠們。現在我們有幾份食譜是以幼蟲取代雞蛋，味道更鮮，更濃郁。我們沒告訴任何人。」

「螞蟻是我們這裡最大的問題。」維爾納說，「你會在路上看到，螞蟻什麼都吃，在這裡耕種非常困難。」

雷澤比躺在斑馬旅館前昏睡所留下的曬傷，現在惡化成疼痛。他隨身帶著一個塑膠袋，裡面塞滿了蘆薈葉。蘆薈葉的切割處滲出綠橙色的黏液：那是新鮮的純蘆薈液。「可惜蘆薈的味道很難聞，」雷澤比說，「聞起來像汗臭味。」事實上，吉普車內四個男人的毛細孔，已經開始對外面悶熱的濕氣產生反應。現在車內瀰漫著一股氣味，讓人不禁想起古羅馬戰士在競技場上進行殊死搏鬥的狀況。

手機收訊消失了，全球定位系統（ＧＰＳ）也失靈了。萬一我們現在迷路的話，就徹底迷失方向了。雷澤比說，從原始、非數位、幾乎無法察覺的跡象，就能找到那個農場。

他說：「你沿著這條路走，直到你看到一件黃色T恤，或者沿著路走，直到你看到樹上掛著六個瓶子。」的確，維爾納看到一個褪色的紅色汽油桶和一個老舊的Dos Equis 啤酒箱時，就駛離了主幹道。

「有時你會在這裡看到猴子，」維爾納說，「或看到美洲豹。」

「看到美洲豹是很神聖的事。」雷澤比說。

「你聽到牠們的次數，會比看到牠們的次數還多。」維爾納說。

我們駛離了平坦的路面，轉向一條充滿鄉野魅力的砂石路。那條路其實比較像是穿越叢林的障礙賽道，周邊的樹木彷彿都活了起來，卯起來用樹枝拍打著吉普車。那條路不僅坑坑窪窪，更明確的描述是，在幾英里長的坑窪路段中，偶爾才出現平坦的路面，讓車內的每個人不再屏息，恢復呼吸。

維爾納說：「你來到這一帶，會覺得好像有一種全新的能量進入體內。」這是一種說法。我自己的感覺是，每次吉普車撞到路上的坑窪時，能量似乎透過脊椎的底部，注入我體內，然後竄升到我的肩膀、脖子、腦門中。

維爾納說：「抱歉各位，等一下的路況會更糟。」不久，吉普車就開始顛簸，好像被《侏羅紀公園》（*Jurassic Park*）裡的生物咬住亂甩似的。他說：「從這裡開始更顛了。」

雷澤比說：「這就是大自然翻轉的地方。」他環顧四周，注意到數以百計的蟻丘，像微型金字塔那樣從紅土上拔地而起。他說，不知道那些螞蟻能不能吃。

維爾納說：「你肯定不會想要陷在這裡。」儘管路途艱辛，他還是會定期來到這裡，與擁有這片土地的農場主人一家相聚。安東尼奧・梅・巴蘭（Antonio May Balan）與妻子及十個孩子住在這裡。維爾納在這片潮濕的熱帶寂靜中搭建了一座烤爐，他常來這裡烤肉及烤蔬菜。

「為什麼要在叢林裡搭一座烤爐？」雷澤比問道。

「有何不可？」維爾納說，「這就是我想待的地方。」

「你瘋了吧？你知道嗎？」雷澤比說。

其實雷澤比不是真的覺得維爾納瘋了。我們從吉普車裡爬出來舒展痠痛的老骨頭時，就可以明顯看出這點。在雷澤比的眼裡，放眼望去，地面上到處長滿了美味的食材，五顏六色。維爾納說的沒錯，這裡看起來不像農場，更像一片雜草叢生的廢棄土地，威利・旺卡（Willy Wonka）[40]彷彿在這片土地上撒了一些植物的仙粉。這裡可以看到芒果、李子、鳳梨、辣椒，而且色彩繽紛，有橘色、紅色、紫色、綠色。雷澤比靜了下來，陷入童年

40 譯注：童話《查理與巧克力工廠》中的巧克力製造家。

記憶的迴圈。「以前我們住的馬其頓就是這樣。」他說。

維爾納說：「在這裡，連雜草都有意義，它們都有用途。」

雷澤比說：「這裡的水果嚐起來好像煮熟了，有點奇怪，因為它們被太陽曬熟了。他們是使用什麼肥料？」

「他們不用肥料。」維爾納說。

「這太老派了，反而變得很新奇。」雷澤比說。

「輪子明明幾千年前就有了，現代人還在重新發明輪子。」維爾納說，「這裡的人知道大自然的祕訣。」

巴蘭從鋪著防潮布的棚子裡走出來，以西班牙語向我們問候，但他與妻子主要是講馬雅語。巴蘭朝著烤爐滿意地點了點頭。維爾納為巴蘭一家打造了那個烤爐，以感謝他們在這個農場上的辛勤付出。「我真的很想盡量多關照巴蘭，」維爾納以英語說，「他是個很棒的人，有很多故事，也有很多見解。」

「那烤爐真大，」雷澤比說，「簡直像台大型的美國車。」

「裡面可以塞進兩隻完全攤開的豬。」

維爾納遞給雷澤比一把彎刀，要他留作紀念。雷澤比端詳著刀刃，心想他要如何帶著那把刀一再轉機，回到丹麥。巴蘭告訴我們，午餐準備好了。在小棚裡，他與妻子準備了玉米餅、黑豆、豬肉，以及在小火上烤成焦炭的野南瓜，搭配的飲料是可口可樂。雷澤比坐在凳子上吃東西，汗流浹背，頭髮濕漉漉地貼在頭皮上，曬傷的皮膚像石榴籽一樣發亮。

「身處在這種地方，感覺很棒，」雷澤比說，「La buena vida（美好生活），不是嗎？」

回土倫的路上，我們停下吉普車去買新鮮的椰子水。那不是裝在瓶子裡，而是裝在路邊冷藏的椰子裡。椰子毛茸茸的頂端已經被大刀砍下，只要把吸管插入洞口，就可以立即享用這種熱帶美味。車子駛入土倫時，我們看到鮑文像個迷路的朝聖者那樣，在路上遊蕩。他禁不起雷澤比連哄帶騙的遊說，又繞回猶加敦半島，與我們會合一起吃晚餐。

夜晚的哈沃德餐廳在沿海的一片漆黑中熠熠生輝。火把閃耀著光芒，棕櫚樹左右搖曳，爐子裡散發出橘光。雷澤比欽佩地說：「你們看廚房裡的高溫——那熱氣與煙。」這個地方有一種狂野、原始的優雅：如果搖滾樂團羅西音樂（Roxy Music）的主唱布萊恩．費瑞（Bryan Ferry）活在石器時代，這就是他夢想的小餐館。維爾納與他那群自我放逐的夥伴，以爐火把在地的肉塊——石斑魚下巴、章魚、沾滿叢林蜂蜜的豬排——烤到軟嫩焦黑。每一盤上桌的佳餚，都讓我們大呼過癮，樂得開懷。

鮑文說：「他們從無到有做出這些，實在太瘋狂了。」雖然當時我們還無法想像，但是「從無到有」正是雷澤比對這段加勒比海岸線的看法。鮑文談起他三個月大的兒子米諾，他等不及想餵兒子一些固體食物了。

「小嬰兒會把任何東西放進嘴裡，例如還在蠕動的剃刀蚌。」雷澤比說。

升格為父親後，鮑文不得不重新評估一切。例如，如何生活、如何管理廚房等等。桃福（Momofuku）餐飲集團的主廚兼創辦人張錫鎬，是雷澤比與鮑文的朋友，他針對鮑文在龍山小館的領導方式給了一些建議。龍山小館未通過市立衛生局的檢查後，張錫鎬告訴鮑文，他必須在廚房裡培養一種負責任、乾淨、有條理的文化。「『你一定要嚴格要求那些傢伙，』」鮑文想起張錫鎬這麼說，「『你應該多對他們大吼大叫。』」

雷澤比不認同這種方式。「未來不流行那種吼叫式管理了，」他說，「以前我在廚房裡滿腔怒火，氣得要命，跟大魔頭沒什麼兩樣。但後來我想：『他媽的我到底在幹什麼？』你必須做選擇：你想要痛苦不堪的工作，還是要快樂的工作？」

「你必須冷靜下來，否則你會尋短。」鮑文說。

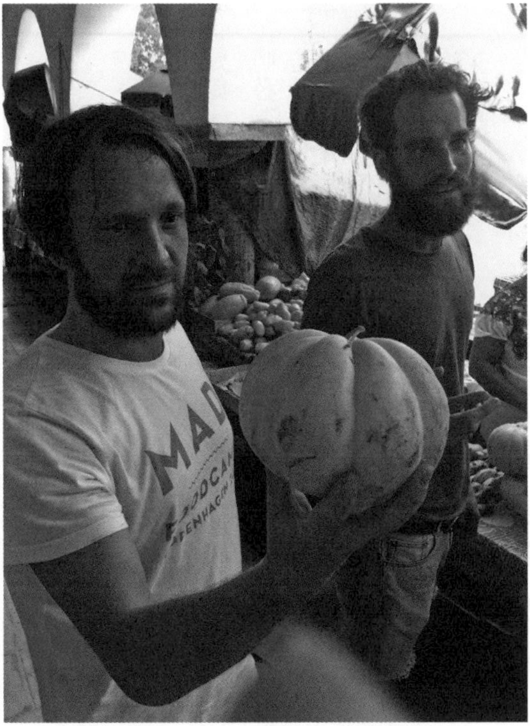

雷澤比和廚師維爾納，在猶加敦半島逛傳統市場。

「某天早上我醒來，」雷澤比對他說，「整個背上長滿了帶狀皰疹，看起來像隻恐龍。」他必須做出改變。來墨西哥宣洩情緒就是改變的一部分。晚上回家與妻小共進晚餐也是改變的一部分。鮑文仔細聆聽，沉默了一會兒，接著往周遭瞥了一眼。

「你覺得在這附近搞到大麻有多難？」他問道。

我們吃得好飽，精神渙散，已經準備就寢，大夥兒都累壞了，但雷澤比還有最後一道指令。「我們必須做一件事，」他說，「現在我們必須去海灘看星星。」不久，我們在岸邊安靜地擠成一團，掃視夜空，觀察海浪的邊緣有沒有海龜。鮑文與雷澤比來回遞著一根菸，菸草的香味與海邊的水氣融合在一起。當然，雷澤比看到了我們都沒注意到的閃光。「你們看到那顆流星了嗎？」他問道，「那是我見過最亮的流星。」

哥本哈根

五個月後

「在最後的『不』之後，終於出現一個『是』。
未來的世界就靠那個『是』了。」

——華萊士・史蒂文斯（Wallace Stevens），〈穿著得體的鬍子男〉

我提早到了，我總是習慣早到——無論是去搭機、赴約、聽演唱會——接著就在現場漫無目的地閒逛幾小時。但這次的情況太荒謬了，Noma 根本還沒開店。Noma 的位置，像戰艦的船頭一樣，突出在哥本哈根的某個碼頭上。寬敞的窗戶可以眺望水景，廚房裡的每個人都可以看到我，在離前門不遠處白癡地閒逛。我想辦法融入公園的長椅。勞．瑞克特（Lau Richter）是 Noma 的熱情款待大使，身材修長，性情溫和。他走了出來，臉上的表情就像萬聖節時，屋主面對穿著可笑服裝來討糖的小孩那樣。他遞給我一杯香檳，我向他道謝，並坐在長椅上啜飲了起來。

不久之後，雷澤比走出廚房，來碼頭的盡頭陪我。他穿著廚師的圍裙，看起來像中世紀的鐵匠工作服，我用手機幫他拍了張照片。我們聊天，他指著水對我說了一件看似偶然的事。但一年後，那卻變成一則重要的消息。就在那邊，離 Noma 那個簡樸的發酵實驗室不遠處，一座橋正在興建。那座橋將會把新港（Nyhavn）和克里斯汀港（Christianshavn）連接起來。新港是一條旅遊長街，Instagram 上有關哥本哈根的照片，幾乎都是出自這裡五顏六色的船隻與建築立面。克里斯汀港是 Noma 自二〇〇三年開業以來所在的寧靜島狀社區。

我們沉默了一會兒，雷澤比似乎比我更早意識到，有件事情不太對勁。

「你的朋友在哪裡？」他問道，臉上閃著淡淡的微笑，聲音混雜著困惑與驚愕。

這時，我必須煞費苦心地解釋，嚴格來說，葛蘭特．戈德（Grant Gold）不是我的朋友。事實上，我根本不認識他。這個即將和我一起在世界最佳餐廳共進午餐的人，坦白說，是個素昧平生的陌生人。在匆忙規劃飛往哥本哈根的旅程時，我竟然無法說服任何朋友、家人、前大學教授或詩歌同好加入我的行列。這件事為我的人生上了重要的一課。多年來，許多朋友明確又直接地對我提出這樣的請求：「哪天你要是在 Noma 訂到位子，**一定一定一定**要告訴我，我會排除萬難跟你去。」

等我終於在 Noma 訂到位子時，突然間，大家都太忙了。孩子有曲棍球賽及雙簧管獨奏會；公婆來訪；這天剛好是贖罪日（Yom Kippur）[41]；最近手頭比較緊；老婆會殺了他；先生會殺了她；倉鼠病了；氣象預報看來天氣不好；附近有搬家大拍賣。「**抱歉，我真的很希望我可以去，但是……**」

因為這樣，最後我只好從辦公室隨便邀了一個人。

戈德曾在《紐約時報》和我共事，至於他是以何種身分與我共事，我也說不上來（後來我得知他是才華橫溢的藝術總監）。總之，在同事艾瑞卡・葛林（Erica Greene）的建議下，我發了一封電郵給他，告訴他我獲得這個千載難逢的機會——我有 Noma 的額外座位。戈德一接獲消息，就表示他想加入。於是，我找到了這個超瞎的午餐夥伴。後來我

41 譯注：猶太人每年最神聖的日子，當天會全日禁食和恆常祈禱。

才知道，一群知名的丹麥學者、詩人、時裝模特兒，排隊等著跟我共享這一生難得的用餐經驗，但是在慌亂中，我選了戈德。

持平而論，那傢伙也沒有多少時間準備，我倆都沒有時間準備。我跟著雷澤比和他那群三教九流的夥伴一起穿越墨西哥的旅程中，最令我不解的是，他幾乎不烹飪，烹飪對他來說好像只是一種抽象的概念。我曾經對著他的食譜照垂涎三尺，卻從來沒吃過他煮的東西。（如今，由於雷澤比一心想要精進自己，那些食譜照或多或少已經過時了，Noma 不再供應那些餐點。）那篇有關墨西哥旅途的文章發表後，我以為我們的冒險結束了。但不久，我開始覺得我彷彿被拉進了一個祕密社團。

某天，我收到一封電郵。那封電郵通知我，我已經在 Noma 訂到了位子。我不記得我訂過，它就自己發生了。我既興奮又困惑，腦中開始羅列一張需要注意的清單：調整時間安排，讓兩個孩子去跟他們的媽媽同住；預訂機票；預訂飯店；找出閒錢。我應該有足夠的時間計畫吧？嗯，沒有，現實不是這樣運作的。總之，天外飛來了 Noma 訂位，我可以把握，也可以放棄。關於這點，Noma 的規定很清楚：訂位日期固定不變。我該去呢，還是放棄？我為了這個「及時行樂」的個案分析掙扎了好幾個小時。接著，我隨性地點進 Kayak 網站——這不是最後一次——自掏腰包花了幾千美元。

儘管如此，我一點也不懷疑這種體驗很值得。顯然，戈德也有同感，他買了機票，訂了旅館。Noma! L'chaim!（希伯來文的「敬人生」，類似乾杯的意思）不久我們就會跨過門檻，進入全球美食聖殿。我們訂到位子了！在世界上最棒的餐廳！我們的味蕾像小小的蹦床一樣期待地顫動著。

一抵達哥本哈根，我就像運動員一樣花時間做準備。我在 Noma 對岸的一家飯店登記入住。（不過，那時橋還沒建好，所以我可以直接看到 Noma，但要走好一段曲折的路才能抵達餐廳。再過幾年，那座新橋就會改變一切。）我活力充沛地在城市裡漫步，然後，我終於走累了，早早回旅館就寢。我請旅館給我最安靜的房間，以免街上的噪音把我從酣睡中吵醒。我需要全力以赴，這次用餐可不是演習。隔天早上，我的教練雷澤比親自來調整我的訓練。底下的簡訊在我醒來幾分鐘後，出現在我的手機上。

去白屋咖啡館（Café Det Vide Hus）喝咖啡

點冰島優格（Skyr）配北歐水果

向克勞斯（Claus）問好

我乖乖遵照指示，彷彿那是求生指南。我走進一家咖啡館，裡面看起來就像七〇年代離婚單身漢的狹小公寓。我點了冰島優格配北歐水果。東西送上桌時，我才發現那是一碗原味的濃稠優格，上面鋪滿了紅色、綠色、橘色、藍色的水果，狀似法式卡士達塔。據我所知，那杯咖啡是雷澤比喜歡的諸多口味之一。這表示那杯咖啡清淡偏酸——故意那樣泡的。喝起來比較像咖啡豆泡出來的湯汁，而不是美國通勤上班族喜歡的那種蓋著奶泡、味道濃烈的棕色濃漿。

雷澤比對早餐的看法是正確的——不僅要美味，而且比例要恰當，適合為那頓我想盡情享受的午餐盛宴預作準備。希望等到我享用午餐時，身體的每個分子都能像音叉一樣與美食和鳴，一切都必須完美無瑕。接下來，雷澤比要我做什麼？「穿過街道。」這裡是羅森堡花園（Rosenborg Castle Gardens），也可以說是丹麥國王的後花園。「尋找黑核桃樹。」這是某種測試嗎？是某種入會儀式嗎？不管他的意圖是什麼，雷澤比的簡訊指示就像北歐版的「停下來聞玫瑰花」（意指享受生活中的美好）。在公園漫步時，我們多常仔細觀察周遭的枝葉？多常以重新定義的方式看待公園——彷彿戴上某種虛擬實境的ＶＲ眼鏡，把公園變成一片花園、一座農場、一個儲藏著食物的野生儲藏室，以前我們都沒注意到那些食物，我們真的可以**吃**公園嗎？

我找到了核桃樹，或者說，我認為我找到了，其實我也不確定我在找什麼。我上網搜尋「黑胡桃樹」，比較網路上的照片和我在公園裡找到的東西。從那裡，我快步走到Noma，那速度快到可以消耗一些卡路里。結果我不僅提早到了，還早得非常尷尬。我在門口等著餐廳開門，也等著戈德來會合。他應該也在路上了吧？精彩的時刻即將來臨。

雷澤比陪我坐在水邊，一股擔憂開始在我的內心隱隱發顫，就像遺失的手機在沙發的墊子下嗡嗡作響那樣。戈德該不會是以為我們訂晚餐吧？我檢查我寫給他的電郵。不可能，我信裡寫得很清楚。我們是預訂下午一點的午餐，而且我已經多次提過了。我腦中的狂熱念頭越來越響（「一切都必須完美無瑕」），我不禁發了一封簡訊給戈德。結果沒有回應。我又發了一封電郵，打他的手機，都沒有回應。也許他在計程車裡。我的意思是，不可能有人設法拿到大家夢寐以求的餐廳訂位，卻臨時決定不來吧？

「你覺得他在哪裡？」雷澤比問我。

我答不出來，我根本聯絡不上他，甚至不認識他。我又發了一封簡訊，又發了一封電郵。我討厭我那聽起來無力又絕望的聲音，但我還是打了一通電話，在他的語音信箱裡，留下守時的人面對慣性遲到的人時，所留下的那種鬱悶留言：「嘿，戈德，又是我，傑夫……」

正當我為了這個羞愧又困惑的時刻而糾結時（「一切都必須完美無暇，精彩的時刻即將來臨，為什麼我會邀請這個傢伙共進午餐？」），我注意到雷澤比的一個特質。我們又多等了一會兒後，他的耐心顯然已經超出了極限。

「我們走吧。」他說。

我猜，用餐時間到了，我也不想抗拒。我們從水邊起身，第一次踏進 Noma 的前門。我走進去時，看到十幾張臉望著我，他們的神情友善正直，目光敏銳，彷彿西點軍校畢業典禮上的畢業生。（多年後，食評家威爾斯第一次去 Noma，他在《紐約時報》上如此描述 Noma 的成員：「感覺有點像會見馮崔普家（von Trapp）[42]的孩子。」）。我問候他們，雷澤比對他們說，那張原本為兩人準備的餐桌，現在應該為單人用餐重新擺設，可憐的戈德。

對裝模作樣又沉悶的特色套餐感到厭倦的人，在 Noma 會感到出乎意料的放鬆。那些裝模作樣的特色套餐，往往逼人正襟危坐五個小時，望著時鐘在狀似電影《全面啟動》

42 譯注：電影《真善美》中男主角的家庭。

（*Inception*）中無盡的時間迴圈裡打轉，等著服務生端上盤子，裡面裝著一顆北海牡蠣，旁邊點綴著刺蕁麻（stinging nettles）[43]、發酵的百香果、鱈魚白子（cod milt "snow"）[44]、熟成八十天的老鴿腦。在Noma，你剛坐下幾分鐘，美食就一盤盤地上桌，彷如傘兵的敏捷攻勢那樣不斷地飛來，無片刻冷場。享用整套大餐只要兩個小時。對我來說，這是福氣；但是對戈德來說，實在太遺憾了。

我假設你是音樂迷，猜測你與音樂的關係是從小就培養起的。獨處或是身處於人群中的片刻，耳邊突然響起蕭邦的前奏曲或貓女魔力（Cat Power）的歌曲、週六泳池派對上的喇叭播放的輕快音樂、週日早上教堂唱詩班的悠揚歌聲、〈Jumpin' Jack Flash〉節奏明快的開場旋律、〈So What〉展開的曲調風格——無論是什麼，總之會有一些事物吸引著你。

---

43 編注：葉子和主莖覆有細小的刺毛，一旦碰觸到會產生螫刺感，故得其名。蕁麻葉可蒸、煮、炒，在大不列顛群島，還會利用蕁麻釀造啤酒。

44 編注：「白子」（snow）在此是借用日文，指的是魚的精囊。

如果你是某類音樂的樂迷，而且帶有強迫症，你會從一開始的熱情投入，變成有段時間百聽不厭。到最後，每當你接觸到有史以來最棒歌曲的最新版本時，你簡直欲罷不能，腦中彷彿在放煙火。我敢打賭，那些歌曲對你的身分塑造有一些影響。你就像一幅馬賽克，而那些歌曲是構成那幅馬賽克的瓷磚。但是過了一陣子，那股熱情開始消退。隨著時間的流逝，你又回頭從老歌中尋求認同的安心感，不再追求前所未聞的刺激。你試著去接觸新事物，但失敗了。這支二〇一四年的樂團，讓你想起一九九四年或一九六四年的某支樂團。這首新歌聽起來，像是用那首老歌套用抽象演算法所改編出來的。你覺得，音樂開始變成某種依稀記得的聯想庫。你的人生明明還很長，但感覺上，你好像不得不依靠音樂帶你回歸過往，而不是往前邁進。

如果你問我第一次在 Noma 用餐是什麼感覺，我能提出的最佳類比是，它讓我回到以前我對音樂感受到的那種狂熱。當然，我很興奮，因為我來到這裡，我進來了。我設法在全世界似乎都很想來大快朵頤的餐廳裡訂到了位子，那種滿心期待的渴望是無庸置疑的。但是，就像有些人談起百老匯歌舞劇《漢密爾頓》（*Hamilton*）就神魂顛倒、欣喜若狂一樣，Noma 的用餐經驗確實不負眾望，名符其實。那些美味佳餚就像讓你無法忘懷的歌曲，餘音繞樑，三日不絕。也許戈德突然人間蒸發是我運氣好，因為他不在場讓我可以獨自沉思，沉浸在每一口咬下去的感覺中，就像戴了降噪耳機一樣。

新鮮漿果與檸檬百里香，薔薇果與核桃，烤餅與玫瑰花瓣，比目魚子與歐芹，焦洋蔥與核桃油，蝦與蘿蔔，南瓜與魚子醬。

品嚐這些風味的感覺，可與李歐納．柯恩（Leonard Cohen）在〈哈利路亞〉（Hallelujah）那首歌中所寫的「祕密和弦」相提並論。我們從小習慣吃的一些東西——玉米、馬鈴薯、起司、麵包、熱狗、桃子、草莓、杯子蛋糕——並發展出一套熟悉口味的詞彙。即使你是喜歡嚐鮮的冒險派食客，熱衷於尋找外地美食（例如墨西哥、泰國、突尼西亞、日本、祕魯等地），你還是經常會接觸到傳統主食，那些主食的成分已經被推崇好幾個世紀了。雷澤比在Noma供應的食物，是我從來沒吃過的組合與烹飪方式，我不曾想像過那些東西。我不禁想起《保加利亞神祕之聲》（*Le Mystère des Voix Bulgares*），那是一張由保加利亞的女聲唱詩班所演唱的民謠專輯。保加利亞的西部鄰國，正是雷澤比的祖國馬其頓與阿爾巴尼亞。這個穿著鮮豔的合唱團，以唱微分音音樂（microtone）聞名。所謂的微分音，就是介於已知音符之間的音程。這些女性的聲音一點也不平淡或尖銳，而是以令人著迷的方式和諧發聲，可以唱出少見的和聲模式。它不像傳統的西方諧音（例如流行歌曲或巴哈對位的典型例子中，同時演奏C音和G音），而是一種比較不尋常、更難以在音符之間達成的和音，那種和音經過千錘百煉而展現出豐富的層次。

Noma 的食物很美味，但不是多數人習慣理解的那種美味。你想吃披薩、起司漢堡、馬鈴薯泥配奶油，有些廚師與外賣系統擅長把這些無庸置疑的美味做到盡善盡美。但雷澤比可以讓你想吃內餡塞滿剃刀蚌薄片的派餅，或生的韃靼牛肉薄片，上面點綴著丹麥山蟻。你不是只從遠處欣賞這些思想實驗，不是只把它們當成創作噱頭來欣賞。你忘了它們帶來的震撼價值，渴望它們，想再次品味一番。它們就像收音機那些常在耳邊迴響的歌曲，它們的旋律與和弦在你的腦中縈繞，餘味不絕。

對我來說，我無法抗拒的旋律——類似〈Hey Ya!〉、〈Crazy in Love〉、〈Shattered〉等歌曲——便是菜單上那道「海膽配榛果」。這道菜本身就像菜名一樣簡單：新鮮的橘色海膽捲曲在一個裝著淡白色液體的碗中，上面放著米白色的薄片。那些薄片是生榛果片，液體是壓榨榛果所提取出來的，上面撒了幾顆海鹽結晶，彷彿增添風味的跳跳糖。至少肉眼看來，這就是這道菜的全貌。海膽以堅果做「對位」？我用小木勺慢慢舀起它，放進嘴裡。每一口都讓我闔上眼皮，沉浸在安靜的欣快感中。這道菜有蘇打餅乾上塗抹的發酵奶油那種深沉、原始的美味，但是在這個例子中，奶油換成了海味，餅乾換成了土香。我品嚐原始的食材，卻嚐到了微分音——介於可見與明顯之間的風味，彷彿它們之間架起了迷你的味覺橋樑。

某種程度上來說，這道菜的美味祕訣不在於烹飪，而在於食材的採買。雷澤比的海膽貨源是來自一個難以捉摸的人物，他叫羅德里克．史隆（Roderick Sloan），住在挪威的北極圈內。他是蘇格蘭人，一年四季都獨自潛水去打撈極其純淨的海鮮。史隆的海膽是早上從海中打撈上來後，馬上用飛機或漁船送到 Noma，所以海膽抵達 Noma 時還活著，可供當日食用。我盡情享用的橘色海膽，不是以進口托盤送上桌（那種海膽已經在托盤上放置無數小時了），而是由 Noma 餐廳的廚師在端到我面前的幾秒前，才把它從殼裡挖出來的。它不是一盤起司義大利麵，也不是黏稠的起司漢堡，但那可能是我吃過最美味的食物。

至於戈德，他錯過了。他錯過了海膽配榛果，也錯過了龍蝦配金蓮花（nasturtium），以及放在一堆迷你馬鈴薯上的濃郁軟蛋黃配玫瑰花水。他錯過了越橘汁、鳳梨汁，以及 Christian Tschida、Bruno Schueller、Franz Strohmeier 等酒莊出產的天然葡萄酒。Noma 端出了精緻的美饌佳餚，戈德也為了享用這些菜而花了不少錢，但他在城市中的某處睡著了，犯下了因時差而睡到不醒人事的致命錯誤，陷入沉睡中，完全叫不醒也起不來。戈德的缺席就像巴松管發出的滑稽低音，貫穿了我第一次在 Noma 用餐的體驗。偶爾我會舉起葡萄酒杯，朝著對面的空位，向那個無法蒞臨世界最佳餐廳的人乾杯。

後來，就像《歡樂單身派對》裡的克萊默（Kramer）瘋也似地闖進傑瑞・賽恩菲爾德（Jerry Seinfeld）的公寓大門一樣，戈德突然出現了。他一臉倉皇又羞愧地來到 Noma 的門廳，他來得很晚，但還不算太晚。總是殷勤招待客人的 Noma 團隊馬上把戈德的椅子放在我身旁，幫他擺放餐具，讓他享用三道美味佳餚以及糕點廚師羅西歐・桑切斯的甜點：一份包著巧克力的西班牙炸五花肉，一份奶油丹麥糕點，一份用野櫻莓及紫紅藻製成的冰淇淋塔，以及混搭馬鈴薯與李子風味的冰涼泥球。

戈德錯過了演唱會的大部分，但他確實在安可曲登場時出現了。不過，那還是無法消除他眼中的尷尬。那一餐結束時，Noma 把印好的菜單遞給我們，留作紀念。我的菜單上列了我吃下的每道菜。戈德的菜單上留了一大片空白，以提醒他錯過的一切美味。

⚜

藝名「磷光」（Phosphorescent）的音樂家馬修・霍克（Matthew Houck）有一首歌名叫〈C'est La Vie No. 2〉，那是一首有關失戀的哀歌，是二十一世紀版的〈After the Gold

Rush〉[45]，聽來令人心碎。底下是一些歌詞：

以前我站在夜色中，
在空曠的田野裡，呼喚著你的名字。
我不再整夜站在空曠的田野裡，
不再呼喚你的名字。

這首歌的敘述者看似進化到一種比較健康的境界。畢竟，他不再站在曠野裡大喊一個女人的名字了，但他仍在處理善後。還沒有新愛取代舊愛，舊有的情傷使他形容枯槁。即使他不再經常涉足荒野，不再站在雨中呼喚她的名字，以前那樣做的記憶依然在他的腦中揮之不去。他並不指望找回以前的生活，但他渴望失去它的感覺。他渴望那種渴望，疼痛總是比麻木好——**這就是人生**（c'est la vie）。

我的身體漸漸麻木，腦中的日常是渴望的相反，也是投入的相反，整個人彷如行屍走肉。我以採訪他人為生，但我對受訪者想告訴我的事情卻越來越沒有耐心。雷澤比主動約我見面時，我差點就拒絕了。說「不」越來越像是唯一明智的回應，但目前我至少

45 譯注：搖滾歌手尼爾・楊（Neil Young）的歌曲。

答應了兩件事。我正站在「週六夜專案」（Saturday Night Projects）的現場，周遭的人所展現的渴望與投入，只能用「凶猛」來形容。

你累了嗎？我的意思是，從頭累到腳的那種徹底疲累感，感到**精疲力竭**。那種身心再也無法做出任何貢獻的感覺——那種除了用堆高機把你的皮囊抬到床上，並用層層的毯子與床單裹成木乃伊以外，已經別無他法的感覺。現在，把那種疲累感放大，放大三倍好了。想像一下，你整個星期都站在Noma的廚房裡忙個不停。你每天幫客人上晚餐（有時也上午餐），全神貫注地料理韃靼牛肉與挪威海螯蝦，而且專注的程度媲美歌劇演員或西洋棋大師。你和廚房裡的其他夥伴好不容易撐到週六夜晚，倒數著再過幾個小時，你迫切需要的週日與週一喘息空檔即將到來，就像採收珍珠的潛水者在返回水面換氣時，渴望的那種解脫。有時週日來了，你只想睡一整天，有時身體只能那樣做。

好吧，想像一下，到了週六晚上，你目送本週的最後一道甜點離開廚房，聽到幾位似乎著了魔而不願離開休息區的客人，向瑞克特表達最後的謝意，並準備好迎接一項全新的任務。想像一下，你已經這麼累了，卻還得說服自己打起精神來，重新做菜，而且是馬上，那就是「週六夜專案」。由於雷澤比奉行「永遠前進」這個信條，Noma廚房的成員在週六午夜來臨之際，無法喝冰鎮啤酒好好放鬆一下。週六晚上發生的事情——除非雷澤比自己也很疲憊，或他感覺到團隊成員都快崩潰了——有點像比賽、鐵籠戰[46]、料理版的《瘋狂麥斯》（*Mad Max at the Thunderdome*）。「週六夜專案」這個名稱聽起來是溫和的，雷澤比也確實比較喜歡稱讚那些參與競賽的鬥士，而不是責罵他們。不過，我受邀站在廚房裡目睹週六夜專案時不禁覺得，為了讓這件事維持運作，他們需要投入超乎常人的心血。

此時餐廳已掩上大門，客人已踏上歸途，偶爾只有少數幾位客人留下來看熱鬧。餐廳的燈光暗了下來，廚房的流理台也清理乾淨了。在廚房的邊緣，年輕的廚師正低著頭，精心準備他們構思以及調整了一整週的佳餚。這些參賽者通常是廚房裡最年輕、資歷最淺的成員。再加上雷澤比喜歡招募世界各地的人才，週六夜專案簡直就像奧運會的奇怪項目：來自芬蘭、墨西哥、日本、義大利、厄瓜多等地的廚師們所進行的洲際烹飪比賽。雷澤比要求參賽者創新菜色，創作能吃的東西，帶點 Noma 風格但也很個性化的東西——透過 Noma 理念「尋覓與發酵」的詮釋，那個東西最好能夠代表參賽者自己與烹飪之間的關係本質。

這些廚師隆重地把菜餚端到流理台上，流理台的上方有一盞燈照亮了整個檯面，儘

46 譯注：在鐵籠內進行的職業摔角比賽。

管餐廳的其他地方似乎都暗了下來。這種安排突顯出一種身處競技場的氛圍，當 Noma 的領導者與旁觀的成員都圍到流理台邊觀察那些食物時，整個場面的戲劇性越來越強烈。參賽者必須準備大量的食物，好讓每個參與週六夜專案的人，都可以用湯匙或叉子品嚐一下那些菜餚的滋味——當然是在雷澤比及其副手們都先嚐過以後。本質上，這種賽事沒有贏家。不過，只要能讓老闆美言兩句，都可以稱得上是一種勝利，讓年輕的廚師在接下來的兩個休息日中好好睡個覺。「哇，太好吃了！如果是在最好的米其林星級餐廳裡吃到這種東西，你會驚艷到瞪大雙眼。」某晚我在現場觀摩時，雷澤比吃了一道用丹麥的夏季番茄與朝鮮薊做成的特殊料理後，如此驚呼。雷澤比這麼說時，我看到一位疲憊的年輕義大利廚師瞬間充滿了新能量，彷彿補滿水的水壺似的。「坦白講，我覺得這道菜已經達到難以置信的高水準。」

「主廚，我吃不出來。」人群中有人說。

「你需要認真一點。」行政主廚丹．朱斯提（Dan Giusti）說。

有一次，我在「週六夜專案」旁觀時，看到法比安．馮．豪斯克（Fabian von Hauske）也站在人群中。馮．豪斯克是在墨西哥長大的年輕廚師，二十幾歲就和夥伴傑瑞米．史通（Jeremiah Stone）在曼哈頓的下東區開了兩家成功的餐廳——Contra 與 Wildair。

在哥本哈根 Noma 1.0，瞥見週六夜專案的實況。

馮・豪斯克把自己視為 Noma 散居海外的成員。二〇一〇年，他曾待在 Noma 廚房幾個月。他以前參與過「週六夜專案」，現在則是來觀摩。「週六夜專案」所展現的推力——做日常工作的同時，每週還要想出新花樣——已經變成他烹飪 DNA 的一部分。但他依然對 Noma 一季又一季的自我改造驚嘆不已。「那是一種不同的心態，」他這樣對我說，「這家餐廳一直以來每年都在變，而且仍持續改變著，實在太瘋狂了。」我和他交談時，一位來自巴西的年輕廚師正在說明她今晚為「週六夜專案」構思的菜餚，那道菜是羊肝。她說，小時候吃的羊肝是在宰殺羊隻後，趁著肝臟還保有體溫的溫熱感時上菜。為了模仿那種感覺，她用火焰迅速碳烤羊肝，但肝臟內部多多少少還是生的，再用金蓮花以及聖約翰草（St. John's wort）[47]浸泡油來烹調。

雷澤比嚐了羊肝後對她說：「直接取出肝臟太大膽了。我和妳一樣，碰巧是吃肝臟長大的。對我來說，這是世界上最棒的東西。」他講話的同時，這位年輕的巴西廚師顯然大吃一驚，倒抽了一口氣。雷澤比坦言，「生肝可能會嚇跑一些不太懂美食的人」，但是，嘿，但那些人並非 Noma 的目標客群。

---

47 編注：又名貫葉連翹或貫葉金絲桃，有著鮮黃色的花朵，是歐美地區常用的藥草，主要用於女性調經和穩定情緒。其葉、花和種子都可沖泡成茶飲，葉子和花朵則經常加入沙拉食用與作為裝飾。

「下一道是什麼？」雷澤比問道。下一位是來自愛爾蘭的年輕廚師，她設計了一種改版的愛爾蘭咖啡，加入用威士忌製成的英式蛋奶醬以及可食用土[48]，嚐起來像你早晨自己沖泡的咖啡。「你以前這樣做過嗎？」他問道。她是剛加入「週六夜專案」的成員，「妳以前從來沒有這樣做過？這是妳第一次研發的東西嗎？哇，挺特別的。」雷澤比看著大家動用湯匙品嚐，「你們以前嚐過這種味道嗎？沒有，我也是這麼想。我從來沒嚐過這種味道，感覺高深莫測。」他回頭看了看那位廚師，他有點在意溫度與口感。「太冰了，」他說，「那種冰，是會讓牙齒酸澀的那種冰。」我看不出來雷澤比是否真的**喜歡**那道創意料理，但他還是設法讓創作者獲得成就感，他告訴她：「妳今天教了我們一些有關味道的新東西，妳有一種罕見的天賦。」

週六夜專案結束時，廚房裡似乎沒有人感到疲累了，包括我在內。這種結果出乎意料之外。沒想到，在一週忙碌的工作之外，又多加這項額外的任務，似乎讓整個房間充滿了活力。在Noma早期，週六夜專案並不是週期性的活動，那時可能比較辛苦。「以前我們是每晚這樣做。」雷澤比說，「每天晚上，而且是每個人都做。」二〇一三年出

48 編注：使用黑麵包屑、堅果、菇蕈、洋蔥、橄欖、黑葡萄乾等材料混合，製成外觀看起來極像土壤，富有泥土味和甜味的可食用土。將它填裝在容器中，再放進蔬菜或香草植物，是 Noma 令人驚喜的招牌料理之一。

版的類日記體著作《日誌》（*Journal*），記錄了 Noma 一年的生活，他在書裡回憶道：

> 七、八年前，某個寒冷的冬日，我對整個廚房的工作人員說，每天晚上服務結束後，每個人都必須做一些東西來分享，他們聽了都不敢置信。那可以是很簡單的東西，不見得是一整道菜，你要分享更好的削蘿蔔方式也可以。我一直想培養一支完全投入又熟練的廚師團隊，但他們大多還是像機器人一樣：訓練有素的人類機器，只會依循食譜烹飪，彷彿食譜是某種絕對的真理，忘了處理活生生的東西需要多點衝動與反應。畢竟，真正創造奇蹟的是烹飪食物的廚師，而不是食譜。偶爾在這裡或那裡添加一滴酸味，即使食譜中沒寫，也可以產生截然不同的效果……食譜應該是強而有力的指南，而不是奉行不悖的經文。

即使週六夜專案結束了，一週的工作並未結束。「我們來做該做的事吧，那就是清理。」雷澤比說，「然後更衣，之後你們就可以喝啤酒了。」這時屋裡會洋溢著音樂——主要是嘻哈與重金屬——廚師開始專心地以肥皂擦洗廚房的每個地方。

朱斯提告訴我，表面上看來，週六夜專案看似焦慮的來源，尤其對那些花了整整一週煩惱參賽作品的人來說，更是如此。「壓力總是很大，」他說，「他們在盤子上淋醬汁時，手都在顫抖。」但這個專案的目的是為了重振士氣，而不是為了讓他們洩氣。「我們盡量維持它的建設性，」他說，「如果大家感到害怕，那就不是很好的練習。如果那是負面的經驗，那很糟糕。」週六夜專案的實驗很少成為 Noma 的正式餐點（那有點像以 iPhone 拍攝的影片在日舞影展〔Sundance Film Festival〕上奪得最高榮譽）。但這種練習幫廚師更瞭解自己以及他們所選擇的職業。從領導的角度來看，這也有助於雷澤比更瞭解旗下的工作人員，以及他們的優缺點。

有一次，他在週六夜專案上問一位沉默寡言的芬蘭廚師：「你可以解釋一下發生了什麼嗎？」那道菜是在發酵的馬鈴薯麵包上，放著燉了約五十五個小時的嫩牛舌。雷澤比說：「那燉好久，」並且開始品嚐，「各位，吃吃看，真是他媽的太不可思議了。你們有多少人喜歡嫩牛舌？假設你在一家餐廳吃到這道菜，你會不會感到開心？真是他媽的太好吃了！我覺得，你甚至可以直接端出這個麵包，然後在上面淋上醬汁。這實在太美味了，我不需要搭配那些栗子。那四片平淡的栗子有什麼意義呢？為什麼要擺上沒那麼好的東西？那是多餘的，用這幹嘛，去掉！」雷澤比的溢美之詞消除了那些栗子帶來的尖刻批評。用這幹嘛，去掉。是的，大廚！

我在 Noma 獨自用餐結束後，在 Noma 的廚房裡多逗留了一會兒，以瞭解這個團隊最新的發酵實驗，並準備好首次目睹週六夜專案的進行。我逐漸瞭解到，Noma 的廚房裡總是充滿著一種奇怪的盛重感，**一切事物**似乎都很**重要**。如果 Noma 的某個廚師在宿醉後，想在某個下午敷衍了事地上班，他需要很巧妙地掩飾無精打彩的狀態。此外，Noma 隨時都有新聞。例如，我造訪 Noma 那次，新聞提到 Noma 的糕點師兼研發團隊的重要成員桑切斯即將離開 Noma，並在哥本哈根開一家塔可店。誰來接替她的位置呢？我問了幾次，都沒有人告訴我。所以我決定冒險猜一下。結果，我猜對了，朱斯蒂點頭證實了我的臆測：Noma 即將聘請一位新的糕點師，他是美國人，而且是在布朗克斯這個令人出乎意料的環境中成長。

註：值得一提的是，雷澤比大方邀請戈德，在幾個月後再度蒞臨 Noma 用餐，以體驗整套佳餚。戈德與用餐夥伴一起抵達餐廳時，雷澤比微笑對他們說：「你帶鬧鐘來了！」

馬其頓

又稱北馬其頓共和國，請勿與希臘的馬其頓地區混淆了

一鍋豆子，在爐子裡燉著。

食譜很簡單。豆子浸泡一夜軟化，用雞湯加熱，接著小火燉煮兩小時。雞湯與豆子的比例是四比一，加入幾瓣去皮的大蒜，幾塊番薯。雷澤比會告訴你：「接下來才是祕訣。」在豆子煮好前的二十分鐘，放入三袋洋甘菊茶包。沒錯，在豆子裡加入乾燥花的風味。茶包在裡面浸泡五分鐘，別把茶包煮破了，免得裡面的花片到處亂竄。

豆子以鹽巴調味，用勺子把豆子舀進碗裡，撒上新鮮切碎的香草及一點辣油。哦，還有，別忘了把番茄皮撈出來，如果你是為雷澤比做這道菜的話，至少別忘了這點。又

或者，你也可以多費點功夫，事先把番茄煮透。他會建議你：「你必須燉煮番茄一天，才能把外皮煮爛。小時候，我爸會那樣做，我媽不會。不知怎麼的，我覺得醬汁裡有皮的口感很噁心。」

一鍋豆子在爐上燉煮：隨著歲月的流逝，雷澤比發現自己對這道菜的渴望與日俱增，那感覺既是一種寄託，也是一種回憶。雷澤比的父親幾乎天天吃這道菜，那鍋豆子是他的習慣和日常膳食。雷澤比在Noma沒有提供類似的菜，但他會在家裡烹煮。那道菜讓他想起馬其頓的生活——辣椒、香草、橄欖油、番茄、大蒜，還有夏日田野間的花香，遠離丹麥的肝醬與醃魚。當父親因罹癌而健康惡化時，雷澤比更常燉煮這道菜。

關於「新北歐運動」的所有媒體報導，都忽略了一個核心事實：雷澤比與任何北歐的關連大多很微弱。他覺得自己比較像是外來者，而不是在地人。即使他的母親屬於丹麥中占多數的新教徒，但雷澤比一有機會就會取笑新教徒，挖苦他們的神經質、平淡口味，以及他們從古至今老是愛壓抑野性的衝動。他剛開始接觸廚師這一行，就是源自於他對馬其頓的記憶。十五歲時，老師覺得他反應遲鈍，所以他或多或少是在老師的放棄下離開學校。後來他誤打誤撞進入餐飲學校，主要是因為一個朋友就讀那所學校，雷澤比決定跟他一起就讀。他在烹飪學校做的第一道菜是什麼？一盤辣味雞米飯，搭配腰果醬，那正好是父親家鄉的特色菜。從餐飲學校畢業後，在一九九三到二〇〇三年（Noma開幕）的十年間，雷澤比對這個無心插柳的職業生涯開始充滿雄心壯志。這段期間，他在法國的 Le Jardin des Sens、西班牙的 El Bulli、加州的 French Laundry、哥本哈根的 Kong Hans Kælder 等餐廳的廚房裡工作與觀察，持續累積見解。在每個地方，他都給人一種求知若渴的感覺。無論是傳統料理還是實驗性的菜餚，他都想知道它們是如何組合在一起的。他似乎亟欲彌補過去失學的那段時光。他年輕的時候，從未接觸過像主廚費蘭・阿德里亞（Ferran Adrià）在顛覆傳統、煙霧騰騰的 El Bulli 餐廳裡提供的那種分子料理。他在 El Bulli 享用完晚餐後，直接走進廚房，請他們給他一份工作。

多年後的今天，媒體界忍不住把注意力集中在「新北歐」模式中的「北歐」那個部分，但那個字眼有點像障眼法，真正重要的字眼其實是「新」。Noma 餐廳的菜單，是一種顛覆北歐料理概念的嘗試。也就是說，它與馬其頓的關係，至少跟它與丹麥特有的開放式三明治（smørrebrød）及巧克力雪球（flødeboller）[49]的關係一樣深厚。雷澤比的作法就好像按下重新設定鍵，然後問道：「如果我們用新的眼光來看待這片土地，那會是什麼樣

49 編注：丹麥的傳統甜點，作法是在餅乾底座上，將打好的蛋白糖霜抹成圓球狀，再於表面淋上融化巧克力，嚐起來口感鬆軟香甜。

子？」如果我們改造它、重新思考呢？如果那個框架不是表面僵化的新教徒文明，而是在那之前就已經存在，目前只要用心注意、依然隨處可見的本土富饒資源呢？那種思維可以追溯到雷澤比與孿生兄弟肯尼斯童年，兩人在馬其頓度過的田園生活。後來，他一直在追尋那些假期在他腦中嵌入的記憶——野生自然與溫暖陽光——並把那些東西呈現在日本、墨西哥、澳洲等地的餐桌上。

「長久以來，這一帶的許多廚師認為，來自南歐的食材才是上等的。」雷澤比在著作《日誌》中寫道：「如今我們意識到，我們自己的多元物產也很有價值。我們逐漸明白，差別不在於物產的品質，而在於欣賞料理的文化史，我稱之為『芭比的盛宴症候群』（Babette's Feast）。芭比的盛宴是一個可愛的故事，那個故事描述一位法國的女廚師逃離戰爭，來到丹麥新教徒齊聚的北部。在這裡，她接觸到一個只透過聖經的文字來體驗生活的民族，他們把享用美食之類不虔誠的樂趣都排除在生活之外。那究竟什麼才是『虔誠的樂趣』呢？四季的豐饒物資與令人舒心滿足的美味，應該是生活的一部分，也應該是文化的一部分。」

馬其頓的在地物產一直很豐饒，至少在雷澤比的記憶中是如此。「我從來沒想過那是塑造我未來的寶貴資源，」他告訴我，「但它確實塑造了日後的我。」當他談到巴爾幹戰爭爆發前、他在南斯拉夫的歲月時，感覺像在描述伊甸園一樣：夜不閉戶，孩童在田野間自由奔跑，新鮮的蔬菜現採現煮。他的父親是阿爾巴尼亞的後裔，從小在農民與動物之間成長；騎馬代步；晚餐結束後，全家收拾用餐的空間，並在原地鋪上毯子就寢；口渴時，喝玫瑰水解渴；栗子季來臨時，到戶外採收栗子；屋裡沒有冰箱，所有的食物都是以明火烹煮。雷澤比小時候就學習自製奶油與擠牛奶。從小時候在馬其頓度過漫長的暑假開始，雷澤比就把他對尋覓食材的熱情加以內化，也把父親那道燉豆子配番茄與大蒜的料理，變成自己的拿手菜。

丹麥人以前會稱呼雷澤比「巴爾幹狗」。如果你碰巧注意到 Noma 的工作人員都是移民，其實你可以記住另一件事：雷澤比一直把自己視為移民。那些看似來自異鄉的廚師深深吸引了他，他懂得身為移民是什麼感受。他知道想要找個棲身之地卻因外國名字而遭到冷落的滋味。雷澤比十一歲時當過報童，在哥本哈根市的五條路線上送報。他接受《華爾街日報》的訪問時表示：「那是為了幫父母付房租，也是為了把錢寄回去給馬其頓的家人。」墨西哥與中美洲移民越過邊境到美國，尋找低工資的工作，以便匯錢給生活困苦的家鄉親人——他知道那是什麼感受。他的妻子是猶太人，岳父母是葡萄牙的街頭樂手。當他的妻子以他父親（來自馬其頓的穆斯林）的方式煮一鍋豆子時，他想起了上面那些事情。豆類一直是廉價的蛋白質來源，而肉類很貴，是奢侈品。

這一切主要是想說：新北歐運動的領導者，其實與大家刻板印象中的北歐有複雜的關係。珍．克萊默（Jane Kramer）為《紐約客》（*The New Yorker*）採訪雷澤比時，向他提起了這件事。「我告訴雷澤比，我看到一篇部落格文章說，他是北歐至上主義者，他笑著回應：『你看我的家人，我爸是穆斯林移民，我太太娜汀是猶太人，生在葡萄牙，她在法國與英國都有家人，她學習多種語言。如果北歐至上主義者掌權，我們會離開這裡。』」

布朗克斯

想像一下一九八〇年代的布朗克斯，想像一下人行道，想像一下運動鞋，想像一下音樂。在雷根時代初期的布朗克斯區，你找到一種存在的方式，一種表達自我的方式。那種方式將在幾年內崛起，變成一種遍及世界各地的現象：嘻哈音樂。南布朗克斯的街區派對，為正在發展的「黑人卓越」[50]事蹟帶來了新的里程碑。麥克風與唱機轉盤讓歌曲脫離了音軌，並加以解構，讓訊息自由地流動。DJ與饒舌歌手，各個都有話要說。大家都張開嘴巴，打開耳朵，自我表達的時候到了。

一九八六年八月十三日，麥爾肯．利文斯頓二世（Malcolm Livingston II）生於布朗克斯。不瞭解布朗克斯的人，很容易像媒體呈現的刻板印象那樣，誤以為利文斯頓的出生

50 譯注：源自黑人民權運動。

地是「戰區」。利文斯頓從小就知道，布朗克斯根本不是那樣。他與朋友都覺得布朗克斯充滿了文化活力——家庭與社群、兄弟情誼、音樂的能量。

但是，話又說回來，對一個擅長辨別和轉化風味的孩子來說，這裡是一處不尋常的成長之地。在佩勒姆大道（Pelham Parkway）一帶，精緻餐飲並不盛行，那裡是他成長的眾多地區之一。速食主導了那一帶的餐飲業，選擇通常是看你那天想光顧哪個企業旗下的連鎖餐廳——大力水手炸雞（Popeyes）或肯德基炸雞、漢堡王或麥當勞或白堡漢堡（White Castle）。當然，某些街區可以聞到牙買加牛肉餅、多明尼加蕉餅、蓋亞那烤餅的香味。但是，相較於曼哈頓其他地區的美食創新與豐富多元，這個洋溢著音樂活力的行政區，簡直像一片美食荒地。有時你在雜貨店或超市，甚至還買不到新鮮水果。這就是利文斯頓面臨的困境，但矛盾的是，這也是他的動力來源。他不是饒舌歌手，但他還是很有天賦。利文斯頓出生在布朗克斯，擁有超乎常人的味蕾。

「真的很難解釋我那些菜色的靈感是怎麼來的，」利文斯頓說，「我知道什麼味道嚐起來是好的。」

他正準備搬到哥本哈根，成為 Noma 的新任糕點師。他也準備好接受雷澤比可能丟給他的任何思想實驗。「如果他說：『用魚骨做一道甜點』，那可能有點難。你無法用魚骨做出冰淇淋。如果他說：『用洋蔥做點什麼』，洋蔥很甜，蘋果配洋蔥，蘋果配青蔥，蘋果配青蔥和啤酒。我可以用這幾種風味實驗好幾天。這一切都是拜以前在 wd-50 餐廳工作的經驗所賜，我得感謝懷利。跟他一起共事後，我對食物的看法徹底改變了。」他說的懷利是懷利．杜弗雷斯納（Wylie Dufresne）。在獲得 Noma 的工作之前，利文斯頓曾在杜弗雷斯納於曼哈頓下東區開的 wd-50 餐廳擔任糕點師。在那裡，烹飪感覺像在一所特別迷幻的大學裡上化學課。利文斯頓說：「你聽過揮發性化合物嗎？」他一度還去紐約大學的食品科學系，借了一本關於揮發性化合物的書，那本書有助於說明為什麼哈密瓜、茉莉、黃瓜可能很適合搭配在一起。「我就是以那種方式分解不尋常的口味組合。」他說，「那是我分解食物的方法。」

另一種思考方式是：取樣。把一段音軌加入另一段音軌的中間，確保它們同調，把它們融合在一起。在這裡是指，把布朗克斯的創新帶進世界美食的殿堂。「我把嘻哈音樂與烹飪聯想在一起，」利文斯頓說，「你必須懂得如何混合、切割、製作節拍。」他可以自由發揮，知道該搭配什麼。他可以在腦中憑空地連結與混搭東西，甚至不需要用到湯匙或爐子。但是，他還沒讀過揮發性化合物的書以前，就已經那樣做了。他注意到那是幾年前開始的，那時他的年紀還小。

想像一下，一間廚房位於一個高到足以看到周圍街區的公寓裡。利文斯頓就是在那裡吃到出名的香蕉布丁——那是他八十幾歲的姨媽愛麗絲．普利（Alice Pulley）的家，姨媽生於維吉尼亞州，是個經常上教堂的虔誠信徒。她在一個種有花生、菸草、棉花、黃瓜、西瓜、蘋果、桃子的農場中長大，一九五〇年代遷居紐約時，她把那些新鮮農產品的相關知識，帶進了這間小廚房。

她會告訴你：「你在花園裡看到的任何東西，都是我們的食材。」外面的停車場裡，可能散落著破裂的瓶子，那是幾年前危機最嚴重時所留下的殘跡，但是在這間廚房裡，幼小的利文斯頓和其他的小孩，看到各種媲美巴黎糕點店的蛋糕與派餅。愛麗絲姨媽回憶道：「他們會過來說：『姨媽，好吃的東西在哪裡？』不管他們想吃什麼，我都會盡力做出來。」對一個將來當國際糕點師的孩子來說，跟在愛麗絲姨媽的身邊學習，就像去藍帶學院上課一樣。

「我記得姨媽的磅蛋糕——非常濕潤，卻又是那麼的紮實！」利文斯頓說，「第一次吃她的東西——那不是加工食物。我的味蕾發育得很早，一切都是從這裡開始的。」他和愛麗絲姨媽的對話從未真正停下來過。他們現在仍會討論風味，仍會一起研究什麼東西搭配起來的味道最好。以番薯派為例，那很完美，但它可以變成更完美的東西嗎？

利文斯頓若有所思地說：「我不想改變番薯派的味道，因為那沒什麼不對。」但是，如果你把它和羅望子配在一起呢？

「在裡面加點玉米片會怎樣……」愛麗絲姨媽提議。

「那就是一道甜點，」利文斯頓說，「玉米片、番薯、羅望子。」這道混搭的甜點也有點自傳的意味，同時也概括了加勒比海、美國南部、布朗克斯的小雜貨店。

要不是家人對食物的熱情，利文斯頓可能永遠無法找到進入紐約一些頂級廚房的途徑。他的母親來自巴貝多島，而且與「新鮮水果，島上水果」有所關連。在家裡，他們是吃以牙買加的煙燻香料調味的雞肉。假日，他們喝加勒比的洛神花茶（sorrel）解渴。（茴芹、葡萄柚、木槿、金巴利酒（Campari）[51]——數年後，利文斯頓想出如何調整洛神花茶的風味，並利用那些揮發性化合物，創作出一款他在 wd-50 供應的甜點。）他的母親會把一隻雞烤得香酥，再搭配椰香飯與豌豆。他回憶道：「她也會做涼拌捲心菜，天啊，那簡直是人間美味。還有蕉餅，以前我們常吃蕉餅。」他的父親是生機素食者[52]。

51 編注：一種低酒精濃度的義大利蒸餾酒，以苦橙、茴香、龍膽草等天然原料，依獨家祕方調製而成，色澤艷紅，具有獨特風味。

52 譯注：生機是指不吃煮熟烹死的植物。生機素食是結合了素食主義及生食主義的飲食概念，因此不吃肉，也不吃以攝氏四十七度以上煮過的食物。

這是一個非常重視食物的家庭，所以利文斯頓怎麼可能對食物不講究呢？

當然，他也有盲點。「我不是吃鵝肝醬和魚子醬長大的，」他回憶道，「我們很少外食，即使外食，也不會吃甜點。我去法國時吃了一顆草莓，覺得那是假的，我以為他們噴了什麼東西在上面。」想像一下，凌晨四點，你必須去 Per Se 餐廳的廚房，那是湯瑪斯．凱勒（Thomas Keller）開在曼哈頓哥倫布圓環（Columbus Circle）時代華納中心（Time Warner Center）的美食聖殿。而且，你的動作要快，你得從 Bx 十二號公車轉搭地鐵 D 線，而 D 線總是珊珊來遲。想像一下，你那超乎常人的味蕾（你先天對揮發性化合物的理解）幫你打開了 Le Cirque 和 Per Se 等知名餐廳的大門，最終讓你進入 wd-50 工作是什麼感覺。其實 wd-50 是利文斯頓自己溜進門的。每週日他不需要去上城區上班時，就會去下城區徘徊，觀摩 wd-50 的糕點大師（包括他未來接替的 Noma 糕點師桑切斯）透過「糖」所傳授的驚人課程。他在那裡實習，他說：「我一去就留下來了，好像從未離開過。」

「你想搬到哥本哈根，成為 Noma 的糕點師嗎？」想像一下，你在布朗克斯的街區長大，努力力爭上游，終於獲得這樣的機會。Noma 的廚房裡充滿了雷澤比從世界各地發掘的人才。現在輪到利文斯頓開始發揮想像力了——他必須以他從未聽過或嚐過的食材，開發出各種風味的組合。「我從來沒吃過冰島優格（skyr）。」他說，「我對昆蟲很感興趣，也對各種菇類、草本植物、花朵很感興趣。我得看看那裡有什麼農產品，也許昆蟲帶有一些香蕉的味道，也許香草或花朵中也帶有香蕉味。那激發出太多的創意。你知道我不想用什麼做甜點嗎？牛肉。」但後來他又重新考慮了一下，也許牛肉可以做甜點也說不定。你幾乎可以看到揮發性化合物在他的腦中改變位置。「我可以做出骨髓冰淇淋、骨髓蛋糕、骨髓焦糖、骨髓豆腐。」

利文斯頓在右手刺了另一位麥爾肯（Malcolm）的名言「By Any Means」[53]（左手刺著：Necessary）。他在無名指上刺了「living」，那個字也是他的姓氏 Livingston 的一部分。坦白講，哥本哈根似乎很遙遠，尤其現在利文斯頓和妻子美加．龜岡（Meeka Kameoka）正考慮生養孩子。「我聽說那裡秋天的天氣很容易讓人陷入憂鬱，聽說天色會變得很暗。我打算把紐約的風格帶到哥本哈根，把布朗克斯帶到哥本哈根。」他說，「我們全家都信教，但我確實相信有更高的能量。我沒有真的信教，但我覺得上帝派我來這裡是有原因的，這是命中註定、理當發生的事情。」

「現在你要去哪裡？」愛麗絲姨媽問他，他持續凝視著公寓的窗外，凝視著地平線。

「我要去丹麥的哥本哈根。」他告訴她，「我要去一家叫做 Noma 的餐廳，基本上那

53 譯注：麥爾坎・X 最著名的口號是「採取任何必要手段」（any means necessary）。

是世界上最棒的餐廳。」

「哇！」她說，「別擔心，你會做得很好。」

第二部　破釜沉舟

哥本哈根

「我蒙受什麼磨難？」

——A・R・阿門斯（A. R. Ammons），〈時刻〉

「歡迎來到新Noma。」雷澤比告訴我。

這裡是個廢墟，我們來到克里斯蒂安尼亞（Christiania）的邊陲地帶，這裡是哥本哈根一處自行宣稱自治的小區域，一個無法無天、也沒有車的地方，以廉價的大麻菸著稱。拜一九七三年的一項政府法令所賜，克里斯蒂安尼亞變成一個位於哥本哈根市的社會實驗，那裡是懶人與非法占地為王者的避風港，當地人稱他們為貧民窟的居民。嚴格來說，雷澤比帶我來看的這片土地並不屬於克里斯蒂安尼亞，但是那裡距離克里斯蒂安尼亞的邊緣僅有幾碼。而且，從二〇一五年夏末的情境來看，那裡是克里斯蒂安尼亞集體垃圾場很容易外溢出來的地方。

地上滿是破碎的瓶子及潮濕的柏油路塊。這裡有個小湖，湖的另一邊煙囪林立，那些煙囪的輪廓讓人想起平克·佛洛伊德（Pink Floyd）的專輯封面，或二月的匹茲堡。在這片土地上，最顯眼的是一座空蕩蕩的長形倉庫。那種地方可能會讓你想像起，戈馬克·麥卡錫（Cormac McCarthy）的小說《長路》（*The Road*）裡的人物住在那裡，生火烤著可疑的晚餐，周圍瀰漫著世界末日的有毒氣體。這個地方的一切都給人一種「苟延殘喘」的氛圍，而不是「新的黎明」。每一寸看得見的區域都有塗鴉。當地的滑板小混混在沙坑的中央，用膠合板搭成的坡道上亂滑。我們聽著滑板的輪子，在搖搖晃晃的滑板下刺耳晃動的聲音，直到那些孩子像野狗般被驅離現場。「這裡的人抽很多大麻，」雷澤比說，「他們也會在這裡辦狂歡派對。」

等等，這究竟是怎麼回事？

雷澤比帶我來這裡，來到這個破爛不堪的地方，告訴我他有一個計畫。那和我們在墨西哥旅行時他提過的計畫是一樣的，是一個很大的計畫，真正的雷澤比風格，你可能會說那是瘋狂的計畫。他想要關閉 Noma，至少是那個許多人瞭解及喜愛的 Noma，他想要拆除那個當代最具影響力的餐廳，把它搬到這裡，搬到這個視覺上有如車諾比廢墟的地方。「你必須想像的是，這裡將會變成城市中的農場。」他說，「就是這裡，你站的地方，將會是未來的溫室。這裡會闢一個很大的香草園，一直延伸下去。我們會打造一座漂浮平台，並在平台上打造一大片土地。等一切建好後，這裡就完美了。完美的場景。」或許他們還會養牲畜，或許會有小雞在周圍啄食並且咯咯叫。

這時的我已經相信，雷澤比是一個能夠「化不可能為可能」的人，但這個計畫還是太瘋狂了。況且，為什麼要這麼做？為什麼要把辛苦多年打造出來的東西拆掉？為什麼是在一萬英里外的澳洲雪梨規劃 Noma 快閃餐廳的當下，又突然插進這個計畫？他站在屋頂鋪著防水布的掩體上勘查這片雜亂的景色時，我感到既敬畏又同情。他告訴我，我們現在看到的，將會是一座農場。我看到的是一個骯髒的停車場，旁邊是類似你在紐澤西收費公路邊看到的那種沼澤，但雷澤比看到的是農場。如果 Noma 渴望達到只用在地食材烹飪的境界，它便需要開始掌控生產——自己種植蔬菜。他想像，隨著時間的推移，這些布滿碎玻璃、柏油路面的土地，將由肥沃的土壤所取代。他想像浮橋——照他的說法是漂浮平台——一路延伸穿過湖面，變成水上的有機花園。雷澤比有如摩西，我眼前這片該死的死亡地帶，將在他的手中，綻放成一片流淌著奶與蜜的新北歐樂土。

又或者，他是韋納．荷索（Werner Herzog）執導的電影《陸上行舟》（*Fitzcarraldo*）中，克勞斯．金斯基（Klaus Kinski）所飾演的角色，一心想在潮濕、多蟲的南美叢林中建造一座歌劇院。對於雷澤比這個人，你永遠說不準他會做什麼。

不過，一個困擾我好一陣子的問題是：**為什麼他非得這樣做不可？**沒錯，我們這個年代推崇顛覆與再造之類的主題。我們活在一個連「及時行樂」都嫌慢的時代。如今，你可能一時爆紅，但六個月後就遭到遺忘。如果你不持續大肆宣揚，文化就會對你失去興趣，因為文化是靠社群媒體推動的。即便如此，這傢伙難道就不能稍微放鬆一下嗎？雷澤比靠著多年來辛勤的奮鬥，把默默無聞的 Noma 變成舉世聞名的餐廳。有好幾次，他在尋覓食材時感到喉嚨發癢，因為他嚐了不能吃的有毒葉子。他經歷過餐廳幾乎空無一人的夜晚，帶領團隊走過痛苦的創新期，在國際餐飲界脫穎而出，達到顛峰。某晚，他瞥了一眼餐廳的候補名單，看到上面有一萬個名字——有一萬個客人排隊等候用餐。儘管如此，二〇一三年他幾乎失去了一切，Noma 的客人用餐後感染諾羅病毒，差點就毀了他辛苦達到的顛峰地位。為什麼不靜靜地休息一、兩年，呼吸新鮮空氣，欣賞美景呢？

在前來這個未來據點的路上，雷澤比提出了一些理由。哥本哈根的每個人都騎單車。

你在城市裡漫步，經常會看到數百輛單車在城內穿梭——許多單車騎士看起來賞心悅目，在這裡，像演員維果．莫天森（Viggo Mortensen）或艾莉西亞．薇坎德（Alicia Vikander）那樣的人，可能跟路人一樣普通。連嬰兒也是以單車運送，通常是放在方形木箱中，像菜籃一樣固定在單車前面。雷澤比就是把我放在單車前面的移動箱內，載著我逛哥本哈根。我蜷縮在那個箱子裡，像個街頭頑童一樣，他騎車載著我到處逛。沿途，他告訴我市內的一切正在如何轉變。一座橋正在興建，以銜接熱鬧的新港與克里斯汀港的安靜地帶。新港是遊客最愛拍照上傳 Instagram 的港口地帶，克里斯汀港是 Noma 多年來獨自蓬勃發展的地方。那座橋所帶來的人潮，將會擾亂 Noma 水岸的平靜水流。與此同時，現在雷澤比走進 Noma 餐廳的廚房時，他只看到整個空間處處受限。那間房子本來就不是用來容納全球美食燈塔的地方，更遑論當成革命總部了。Noma 團隊已經超出了那間房子可容納的極限。

但是，那座橋只是額外的擔憂。雷澤比究竟是怎麼回事，其實跟他先天的思維方式有關，我從他的眼裡就看得出來。對有些人來說，他必須不斷地移動與改變，那就像一種強迫症，不可能消失。光是擁有一家很棒的餐廳還不夠，他覺得 Noma 必須做得比以前更好——他告訴我：「儘管 Noma 很成功，受到媒體關注，我們仍在尋找出路。」但更重要的是，他需要留下一些東西。雷澤比與我一起站在那片荒地的周圍時，他撿起一顆鵝卵石，在泥土上寫下數字12。接著，他在12之前加一個零。我一開始看不懂那是什麼意思，他是指Noma開業十二年了，但他是把那個數字當成一種觀察方式。「很難想像，十二年前，」Noma開業的時候，「沒有推特，沒有臉書，沒有Instagram。誰知道二十年後、三十年後會是什麼樣子？」他覺得一家有十二年歷史的餐廳並不是老餐廳，他覺得開業十二年的餐廳還很新，仍在發展。假裝你在看里程表或電子秤，你必須在前面加個零，才能讓你從百年大業的角度思考，而不是只考慮幾十年。他說：「我覺得在我們的人生中，我們都還是嬰兒。在前面加個零，可以培養那種長期思維。我們做的決定應該讓這個演變持續912年。」

我們可以從理論上推測，為什麼一個馬其頓穆斯林移民的兒子——他的父親每次搭公車都會感受到歧視——想要在這個由維京人的金髮後代所主宰的大都市裡，留下長達千年的印記。就在那片即將打造Noma 2.0的廢墟旁邊，有一個覆蓋著植被的密實土堆。雷澤比告訴我，那是一座「為了避免丹麥遭到入侵而興建」的古代堡壘遺跡，但它的象徵意義實在令人難以抗拒：這整個過程可能花了幾世紀的時間，但其中一位「入侵者」繞過了城牆與護城河，為這個北歐據點帶來了只有外人才能挹注的創新。

他知道他可以暫時放鬆，順勢前進，但他討厭隨波逐流。「我可以在Noma老神在在地運作，」他說，「設計另一份菜單，以便提供更多的選擇，這樣也可以讓很多人的日子過得更輕鬆。」但Noma終究會逐漸變成歷史，成為美食界的傳奇，就像El Bulli或Lutèce那樣。或者，他也可以追求更難以言喻、更不可能實現的目標——一家能夠創造出某種文化永恆的餐廳。「要做到那樣，你需要勇於冒險。」他說，「隨時都是如此，那真的真的真的讓我很緊張。我並不怕，但那確實讓我很緊張。我想，舊Noma在關閉前的六個月，將會出現預約顛峰。」

在那之後呢？每個人都豁出去拼了。首先，Noma會搬到澳洲雪梨，開一家使用在地食材的快閃餐廳，接著舊Noma會慢慢地朝著終點前進，然後是……tabula rasa（如白紙一般）[54]。一個人能有多少次重新開始的機會？

雷澤比說：「我們並不想改變我們的本質，而是想放大它。從第一天開始，我們就不可能完美。新Noma可能不會像舊Noma結束時那麼好。但是給它一點時間，我們會越來越好，遠比以前更好，變成一家更好的餐廳，提供更深刻的體驗，對食材有更深入的

54 譯注：源自拉丁文，原意為「白紙」，十七世紀英國哲學家約翰．洛克（John Locke）以此比喻一個人的心智在出生就像一張白紙，不帶有任何的信念與知識，每個人可以有自由意志去成為自己人生劇本的作者。

瞭解。」雷澤比夢想的 Noma 菜單分為三季（冬天與早春是海鮮，夏天是植物王國，秋天是野味），菜單上不會有上一季的任一道菜或構思。他一直在思考時間的問題——他受到恆今基金會（Long Now Foundation）的啟發。這家總部位於舊金山的基金會，致力於改變人類的思考方式，讓大家思量一塊石頭掉進池塘時所產生的更遠漣漪，並為那些更遙遠的未來作規劃。他想要的不止是眼前的東西，他說：「當然，我們大可維持現狀，繼續這樣做。就待在原地，做原本做的事情。但我真的覺得那樣不會進步。」也許他的孩子會繼承 Noma，也許 Noma 會在他的曾孫掌理下蓬勃發展，雷澤比打的是持久戰。

「這會是一個創新與探索的綜合體。」他一邊說，一邊審視那片坑坑窪窪的荒地。而且，他說的方式，會讓你相信他——你甚至會想要當下就抓起一把鏟子開始挖。「在這裡開創新局很有意義。一家這種規模的餐廳，擁有自己的農場很有意義。」當然，表面上看來，這樣做毫無意義，但雷澤比的眼界和你不一樣。他看著一片長滿鮮花與雜草的田野，或長滿沙茅草的沙丘時，他覺得那片土地就像在地超市的農產品陳列區，那些東西都可以吃下肚。這裡也一樣，他想像的是一家世界級的餐廳，你看到的卻是一片廢墟。「從我有記憶以來，這裡一直是廢墟，」他說，「但是想像一下，這裡是廚房。」他說，**想像一下**——不要說話，閉上眼睛，想像周遭的野生動物就藏在你眼前。「你只要靜下來體會，」他說，「朋友，你現在是在他媽的城市裡！」你可以聽到鴨子嘎嘎叫，鳥兒啾鳴，昆蟲嗡嗡起舞，樹葉沙沙作響。他說：「這裡就像一座小小的神聖避風港。」

雷澤比繞到後面的土堆旁邊，爬上掩體的防水布屋頂，走到屋頂的邊緣。突然間，我擔心這個世上最卓越的主廚失足跌落人行道。「就是這種感覺，」他說，「你站在斷崖邊往下看。我還沒遇過認為這樣做很蠢的人。」在禪宗裡，宗師談到從「初心」的角度去看世界的智慧。即使你已經看過世界無數次了，你還是可以按下重新設定鍵，重看一遍。站在屋頂上，雷澤比正試圖從那個視角觀看未來——至少在他失去耐心以前。

「我們去走走吧。」最後他對我說，「我無法這樣站著不動。」

雪梨

要習慣這種生活，你得先習慣機場。Instagram 上滿是已經抵達目的地的照片——像蛋糕一樣誘人的飯店床鋪、山景、鵝卵石鋪成的巷道。但是，要享受這些樂趣，你必須先通過一連串的航站。你對機場與航班的感覺，可能決定了你是否適合過這樣的生活。你喜歡在龜速通過大排長龍的安檢隊伍時，脫掉鞋子及拿出筆電嗎？你去機場的洗手間，發現地板上到處都是來歷不明的髒汙，又找不到掛鉤時（因為所有掛鉤似乎都斷了），你喜歡在這種情境下思考隨身行李該擺在哪裡嗎？你喜歡在一個鳥籠大小的座位上，連續坐十一個小時嗎？我知道，相對於人生的種種悲劇，這些都只是小小的不便。但是，它們會在腦中不斷地累積，抵消我們對遠離現實的澎湃熱情。

旅行確實令人陶醉，尤其對我們這種討厭看到家裡的待辦事項堆積如山的人來說，更是如此。珠寶需要投保、管線需要找水電工來修理、檔案需要以碎紙機銷毀、費用需要繳交、牙醫預約時間需要更改、病毒掃描程式需要安裝、檢查身分是否遭到竊盜、打電話給有線電視公司詢問奇怪的超額收費、尋求婚姻諮詢、尋找合適的離婚調解員、解決監護權的問題、拆分退休金計畫、加入健身房……。或者，更好的辦法是什麼都別做，先延期，把上述的待辦事項都延期。搭上飛機，在別的地方醒來。義大利、韓國、葡萄牙、巴塔哥尼亞（Patagonia）、紐芬蘭、紐西蘭，任何地方都可以。編輯提出一個想法，你沒有先思考後勤問題怎麼解決就答應他了——反正後勤問題會自行解決，就像婚姻與金錢一樣。旅行的誘惑會帶你遠離馬桶阻塞和水電瓦斯帳單之類的現實。你說：「這樣做太不負責任了吧？」你說的沒錯。我想，這正是重點所在。

我一直不喜歡「逃避現實」這個說法，但那可能是因為那個說法對我來說太貼切了。事實上，多年以來，我設法把逃避現實變成了收入來源。真正的逃避現實，只有專業人士才辦得到。我很榮幸我就是這種專家。當初我之所以被新聞業吸引，可能是因為我很喜歡有人出錢資助我去冒險的概念。（至於做有意義的事情，那個念頭是後來才出現的。這無疑是本末倒置，但我覺得我在這裡需要坦白。）

對我這種逃避成癮的人來說，遇到雷澤比，就像是把一個酒鬼介紹給世界上最懂得心電感應的酒保。不然你要怎麼解釋，我開始對一個接一個逃避現實的邀約說好，花錢如流水也不眨眼的行徑？去雪梨共進晚餐？好啊，有何不可。冬天去挪威釣魚？哦，沒問題。去瓦哈卡的郊外，上研究生等級的莫蕾課程？「好好好，飛機在哪裡，帶我離開這裡。」我幾分鐘內就可以找到並訂到便宜的機票。

但是，跟著雷澤比，逃避現實從表面上看似刺激，久而久之則會衍生出更深層的共鳴。我剛認識他時，他正要摧毀自己辛苦打造的穩固根基，以改造自己及餐廳。我也一樣，只不過我是以一種更隨意的方式。但是，我去澳洲時，已經擺脫了之前那種行屍走肉的狀態，生活開始出現某種進步的跡象。在這次飛往雪梨的航班上，鄰座的人並沒有試圖把我的手臂推出扶手。我因公認識勞倫多年了，因為我負責報導主廚，勞倫的公司專門為主廚做公關活動。基於這個明顯的原因（再加上我們多年來各有交往的對象），我們一直保持安全的專業距離。不過，要閃避她並不容易，因為我們在紐約是生活在同一個圈子裡，而且我覺得她美得令人驚艷。（距離本身也影響了我們之間的曖昧關係。我們一起搭機前往雪梨那年，勞倫住在洛杉磯。我們像一九二〇年代的全球游牧族那樣通信，不斷地寄明信片給對方。）

這些年來，我透過交談與電郵認識了勞倫，深受她的高雅與沉著所吸引。我在心裡把這種迷戀視為人生中諸多不可能實現的事情之一，但是在人生的這個時點，我逐漸了解到，不可能的事情不見得看起來總是那麼不可能。二〇一五年的某個夏夜，我與女兒一起看電視時，我偶然與勞倫互發簡訊，卻出現了意想不到的發展。當時她在紐約哈德遜的 Fish & Game 餐廳，我推薦她點那裡的烤雞。那時我們碰巧都處於單身狀態，於是有人建議（我記得是她提議的）我們應該找個時間一起吃個飯，我答應了。

「明天嗎？」勞倫說。

大膽、直截了當——我非常喜歡這種方式。隔天晚上，我們約在西村的 Via Carota 餐廳共進晚餐。那一餐之後，我們發現我們之間的默契比我們想像的真實多了。不知怎的，我們很快就變得形影不離，儘管我住在東岸，而她（在我們第一次約會的一週後）正要搬到洛杉磯，為公司開設美西辦事處。另一個我原本以為不可能的事：事實上，我們這次是從洛杉磯飛往雪梨——我告訴她，我在澳洲的 Noma 餐廳訂到位子，她立即提議我們去雪梨共度一週——我很快就意識到，我這個無可救藥的現實逃避者，終於找到一個最佳共犯。勞倫對於冒險總是來者不拒，她才不管有什麼障礙擋在前面。我們在情人節那天抵達雪梨。我打開手機時，看到的第一則簡訊是來自雷澤比：「歡迎光臨澳洲！」他想知道我們打算去哪裡用餐。我告訴他，我也不知道。我心想，情人節不太可能在任何像樣的餐廳裡訂到位子，所以我們可能在旅館裡直接叫客房服務。大約五分鐘後，我的手機螢幕上出現一封電郵，確認我和勞倫在 Bennelong 餐廳訂到了位子，那家餐廳是在著名的雪梨歌劇院內，可以看到海港。雷澤比幫我們打電話到那家餐廳訂位了。不過，如果我因此以為這趟旅行都是吃這種奢華的月光晚餐，那我就錯了。

那通電話是傍晚打來的。

你聽得出來電話另一頭的語氣有點恐慌。雪梨的廚房用光了水田芥，他們需要用一束水田芥來搭配炸鮑魚排。晚餐的第一批客人將在幾小時後入座，賓客來自世界各地，他們特地搭機來體驗雷澤比用紐澳食材創作的美食佳餚，沒想到卻出現食材不夠的狀況。

「我會在五點或五點半左右回來。」E．J．霍蘭德（E.J. Holland）說，「一整天都沒人告訴我這件事，大家只問我有沒有棍子。如果他們需要重要的東西，就應該說出來。」

「我根本聯絡不上你。」廚房裡傳來的聲音咆哮道。

霍蘭德回應：「大哥，我的手機收訊很爛。」他答應對方，他會趕緊去找一些水田芥。

他掛了電話，眼看著交通顛峰時間逼近，路上的車流多了起來。「塞車，」他喃喃地說，「看來不妙。」

時間不多了，這可不是隨便找一箱野菜來湊數就行。廚房的標準很高，通常東西送進廚房後，還會進行更細膩的挑選，但今晚沒有人有時間這樣精挑細選了。邁克・拉森（Michael Larsen）說：「我只能在挑菜時，非常仔細地注意品質。」

拉森與霍蘭德專門為 Noma 在澳洲尋覓食材，他倆是一個非比尋常的組合。拉森性情溫和，從 Noma 早期就加入團隊，活脫脫就像從自然作家溫德爾・貝瑞（Wendell Berry）的詩作中走出來的人物。他似乎非常沉迷於植物界的律動，光合作用帶給他一種深沉的平靜。光是和他聊天，就覺得收穫滿滿。相反的，霍蘭德像好萊塢搭檔喜劇中那個動不動就闖禍的冒失鬼——尋覓食材時，他是魯莽的助手，非常健談，有點衝動。他沒有說：「我會幫你找來該死的水田芥，但等我找到菜後，最好有一瓶龍舌蘭酒等著我。」但即使他真的那麼說，似乎也沒什麼好奇怪的。

雷澤比打算開三家快閃餐廳，並藉由長駐當地來改變烹飪方式，也改變他對烹飪的想法。澳洲的 Noma 快閃餐廳是三家中的第二家。第一家是開在日本[55]，開過那家快閃

---

55 編注：Noma 日本快閃店位於東京的文華東方酒店，為時六週，吸引了逾六萬人排隊訂位。

餐廳後，他說 Noma 再也不同了。「來自日本的影響嗎？它還在繼續，我想它肯定會影響我們。日本一切事物的**意義**。萬事萬物都有目的。你吃的每樣東西，都有它出現在餐盤上的理由。彷彿日本人吃的每樣東西，都有恰到好處的時機。即使是最簡單的東西，日本也會賦予它這樣的價值。我去日本，主要是為了獲得創新的靈感。在傳統如此深厚的地方，創新是如何進行的？為什麼丹麥這裡的許多傳統變得陳舊又過時？」

不過，澳洲的情況截然不同。在澳洲，Noma 團隊面對的不是幾百年的烹飪傳統，而是試圖從地球另一端的食材中擷取美味，這些食材對 Noma 團隊來說，有如來自金星與火星的塊莖與種子。在日本，雷澤比告訴記者何天蘭：「我想讓當地人看看，連他們自己也不知道的在地食物。」在澳洲，他想加倍往這方面發展，冒險進入紅樹林螺、灌木李、天空藍魔蝦、棕伊澳蛇的領域。「讓測試廚房進行更多的專案，例如味噌醃香蕉、把麻辣的山胡椒漿果[56]浸泡在各種醋中、發酵茄子、桉樹與香桃木冰淇淋、鱷魚脆皮、短尾鸌[57]裹著濱藜（saltbush）[58]燒烤。」何天蘭寫下 Noma 為了最終供應的餐點，不斷

56 編注：產於塔斯馬尼亞的原生胡椒，漿果在秋天會由綠轉紅，待成熟後變成黑色，具有濃郁圓潤的辛辣香氣。

57 編注：短尾的水薙鳥。

58 編注：澳洲本地耐旱耐鹽的灌木，呈灰白色，具有肉質的葉片，帶有鹹味。葉片可當作沙拉生食，或者墊在肉類底下烘烤，也可快炒或油炸。將乾燥的葉子磨碎，還可作為鹽的替代品。

精益求精的過程，「雷澤比知道那些食材可能聽起來有點令人反感。」

訣竅在於把那種排斥心態轉化為吸引力。Noma 澳洲餐廳的菜單之所以能做到這點，部分原因在於他們的菜色帶有一點粗俗的樂趣：一塊蛋糕、一塊炸肉排、一根冰棒。那根冰棒是出自利文斯頓的糕點坊，名叫 Baytime（海灣時間），暗指一種名叫「黃金歡樂時光」（Golden Gaytime）[59]的熱門澳式幽默街頭小吃，只不過 Noma 的版本是以花生牛奶口味取代香草與太妃糖口味的冰淇淋，並以奶油翡麥（freekeh）[60]取代巧克力脆皮。

炸肉排並不屬於這一類的料理，但它是 Noma 最近做的無數發酵實驗中的一個好例子。在米麴油中燉煮，使肉排變得柔軟；麵包屑與米麴粉結合，使炸肉排的外層變得格外酥脆（《NOMA 餐廳發酵實驗》〔The Noma Guide to Fermentation〕寫道，米麴原產於日本，「是指加入米麴菌的米或大麥。米麴菌是一種真菌，更確切地說，是一種會產生孢子的黴菌。在溫暖潮濕的環境中，米麴菌會在煮熟的穀物上生長。」）對我來說，它看起來

---

59 譯注：Golden Gaytime 是澳洲最具代表性的冰淇淋之一，外表有一層巧克力脆皮和碎餅乾，裡面是太妃糖和香草口味的冰淇淋。

60 編注：翡麥是一種加工過的硬質小麥食品名。在小麥還柔軟，帶有水分時就收割，成堆曬乾後點燃，只燒掉稻草和穀粒外殼，再加以搓揉脫殼再碾碎的綠色小麥製品。

像逾越節家宴（Seder）[61]的一道菜，只不過是來自土星的某個衛星，因為半圓形的酥脆炸鮑魚排被綠色的在地美味環繞著，其中有些食材鮮為人知，多數的澳洲人可能永遠不會想要吃那種東西。勞倫與我吃了海葡萄（Neptune's necklace）[62]，那是一種海藻，帶有鹹水味的莢果會在嘴裡迸開。還有手指檸檬（finger lime）[63]，它的迷你果囊會迸出一種對比強烈的酸柑橘口感。我們也吃了長在海邊、狀似韭蔥的藺草，還有可能曾是恐龍零食的南洋杉毬果，以及以阿瑟頓橡樹（Atherton oak）做的點心。

負責找到這些好料的人，就是現在開著車的霍蘭德。在我周遊世界遇到的所有Noma狂熱者中，霍蘭德是那種最狂熱的死忠粉絲。他全身洋溢著年輕人的狂熱——那時他才二十三歲——而且散發出一種橫衝直撞的憨膽。幾個月前，霍蘭德從朋友那裡得知雷澤比要來雪梨，需要招募一位在地的食材尋覓者時，他帶著兩百五十種來自雪梨及鄉野間

---

61 編注：逾越節是猶太人的三大節日之一。逾越節家宴通常在逾越節的第一天晚上於家中舉行，有固定的儀式和食物餐點。

62 編注：藻類的一種，食用的部分是其成串的綠色果實，外觀晶瑩剔透，入口爆漿，營養成分豐富，又有「綠色魚子醬」之稱。

63 編注：原產於澳洲的野生柑橘類水果，果實外形酷似手指。其顆粒狀的果囊在口中爆開，散發出清爽酸香，特別適合搭配海鮮食用。

的野生動植物標本，來向雷澤比毛遂自薦。「我有點瘋狂。」他告訴我，「整個頭幾乎快爆炸了。」翌日，雷澤比來到霍蘭德的火藥桶餐廳（Powder Keg），看到「一堆又一堆的野生檸檬白楊（lemon aspen）[64]，彷彿中了頭彩一樣」。廚房收到的檸檬白楊通常是冷凍的，但霍蘭德設法找到大量野生的檸檬白楊樹。

雷澤比看到那些小小的酸果實，說：「我想要那個。」他請霍蘭德把那些檸檬白楊都保留下來，作為 Noma 澳洲餐廳的食材。

讓霍蘭德印象最深刻的，是雷澤比的平易近人。霍蘭德說：「他對我說話的方式，好像我是他的朋友一樣，這真的很酷。我收藏他的書好多年了。」現在，雷澤比派他去搜尋這片土地，從雪梨的海灘峭壁與郊區灌木叢採集各種美味。當他在採集食材時，總是手持一把鋸齒狀的長刀，脫掉襯衫，以免行動受到束縛。這表示，Noma 進駐澳洲的那幾週，可能有不少城市居民看到一位赤腳、肌肉發達、身上有紋身的男子，在他們後院的灌木叢間拿著刀子走來走去。

電話隨時都有可能進來。「你可以幫我們找到六顆我們前幾天吃的野生無花果嗎？」

64 編注：澳洲原生植物，又譯為阿斯彭檸檬。表皮為淡黃色，滋味像是葡萄柚和檸檬的混合，通常搭配飲料食用或製成醬料。

霍蘭德就是有辦法找到。他蹦蹦跳跳地走進一個被郊區的嘈雜聲環繞的小公園時，我跟著他走了進去。他指著樹幹上長出來的砂紙無花果（sandpaper figs）[65]，用小刀把它們割下來，放進袋子裡。這些無花果對那些住在附近的人來說微不足道，卻會加入世界最佳餐廳的一道菜中。不過，無花果與水田芥是霍蘭德尋覓的食材組合中，比較傳統的類別。他和拉森一起去尋找的許多食材，對美國食客來說，甚至對澳洲食客來說，都是完全陌生的。霍蘭德的車上有珍妮佛・以撒（Jennifer Isaacs）的著作《叢林食物：原住民食物與草藥》（*Bush Food: Aboriginal Food and Herbal Medicine*）。那是一本原住民的食材指南，人類使用那些食材數百年了，但如今在澳洲歷史的後殖民階段，外行人與西方人依然不識那些食材，即使酈凱莉、班・舒里（Ben Shewry）等名廚，為那些食材帶來了更多的關注，大家依然對它們感到陌生。霍蘭德想竭盡所能瞭解澳洲原住民賴以生存的物資。

他發現到處都可以找到這些食材。他開車在高速公路上急馳，收音機播放著巴布・狄倫的〈Tangled Up in Blue〉，他可以看到路邊與匝道上就隱藏著食材或成簇叢生。他說：「每個人每天都從它們旁邊經過，那是胡椒樹，上面覆蓋著粉紅色的胡椒子。」霍蘭德這輩子大部分的時間都在尋覓食材，他還小的時候，就吃野茴香及落下來的蘋果；在藍

65 編注：因其粗糙有如砂紙般的葉子而得名，果實極為甜美。

山（Blue Mountains）登山露營時，他喜歡啃睡蓮的莖。他的母親會在家裡製作蘆薈膏，他們家會用小白菊治療偏頭痛，泡蒲公英根茶來紓解噁心感。他接觸世界的方式就好像一種聯覺（synesthesia）：只不過他不是在聽音樂時看到顏色，而是在看到顏色時嚐到味道。「我們會看到很多野生的大蒜花。」他說，「你等著看我們今天會去的一些景點。蘑菇季剛開始，松乳菇（Saffron milkcap mushroom）非常漂亮。」他知道藍山有一些地方「長了很多蘑菇，我走路時需要很小心」。

搭霍蘭德的車，坐在副駕駛座上，就像聽男孩樂團的主唱大聲朗誦《愛麗絲夢遊仙境》的片段一樣。他會說：「這些是澳洲赤楠。」或是抓一把酸紅漿果讓你看，並要你嚐嚐看味道。「這是掌葉大黃。它們會直接打在你臉上……看到了嗎？這些樹葉？那是美麗的野薑……這是海葡萄，那是牛癢樹……墨角藻，這是非常非常棒的醃料……這是海濱芥。想像一下，把它放在牛排或肥美的魚肉上。澳洲每個海灘上都有這個東西！……這叫細芹，是一種野芹，你嚐嚐看。」

他把車子停在路邊採集香草，他也開車到海邊，涉水採集海草。在退潮的海灘上，他小心翼翼地走到更遠的海裡去查看捕蟹器，並揮舞著一支長矛，他想把長矛扔向游過的魟魚。一般的重力法則或杏仁核（以及杏仁核對恐懼的調節作用）似乎對他毫無影響。

只要收到採收南洋杉毬果的指令，他就會爬上樹幹去採集。跟著霍蘭德一起尋覓食材，感覺不像在田野中漫步，更像是觀看電視直播的尋寶遊戲。

霍蘭德尋覓食材的方式，可說是 Noma 死忠粉絲的理想典型。開設 Noma 澳洲餐廳，本來就不是一個簡單的任務，不僅組織規劃困難，要訂到位置也不容易（三萬個人擠在候補名單上），而且吃起來也不見得容易。即使對熟悉 Noma 精神的人來說，菜單上的幾道菜簡直怪得出奇。用乾的干貝做成的派，上面撒了馬纓丹。以室溫上桌、而不是冰鎮的蛤蜊，外面裹著一層酥脆的琥珀色乾鱷魚脂。金合歡粥配濱藜。野生的金合歡只能用野火剝開：熱氣與煙能使它們的豆莢剝離，以便食用裡面的種子。在雪梨市中心，由於沒有山林野火，Noma 團隊把金合歡放入注入煙霧的沸水中，讓它們在水中滾煮幾個小時，直到它們變軟。要煮一碗粥，感覺是很浩大的工程。

在 Noma 澳洲的儲藏室中，最怪的食材或許是一種只能靠霍蘭德找到的稀有水果。它叫蓬萊果（Monstera deliciosa），直譯是 Delicious monster（美味怪獸），你想怎麼叫它都可以。它看起來像一根有鱗的大陽具（幹嘛拐彎抹角取那種花俏的名字？），如果沒有熟就摘下來，裡頭所含的毒素會毒死你。它生長在雪梨周圍低矮的棕櫚葉下，但它源於遙遠的墨西哥。為了達到既多汁又無毒的狀態，它需要像乳酪那樣熟成。霍蘭德與拉森

霍蘭德展示龜背芋的果實——蓬萊果。

把它們堆放在一個盒子裡，然後載回位於巴蘭加魯碼頭（Barangaroo Wharf）的 Noma 廚房。在那裡，他們會用報紙鬆散地包著每支蓬萊果，讓它在架上熟成。過程中，表面的鱗片會翻翹，接著開始脫落。熟成需要兩、三週的時間。霍蘭德說：「雷澤比告訴我，那是他這輩子吃過最奇特的水果。我想，澳洲從來沒有人把它放在菜單上。」

其實從哥本哈根的週六夜專案就可以看出一點端倪。雷澤比認為創意是不斷施壓的副產品。光是把整個團隊送來澳洲，並募資補貼他們在當地幾週的住宿是不夠的。光是把 Noma 的招牌菜移植到雪梨，只做些微本土化的調整是不夠的。你必須做徹底的大規模改造才行，其他的都不夠。雷澤比的目標是從無到有，破除一切的先入之見，然後從那裡開始構思多種菜色。如果說週六夜專案是類似《創智贏家》（*Shark Tank*）和《廚藝大戰》（*Chopped*）的混搭，澳洲的 Noma 快閃餐廳則是一種完全不同的益智節目，只要走簡單路線，就直接淘汰出局。

所謂的成功，意味著：Noma 必須端出一套地球上從來沒有人吃過的餐點，而且那套餐點嚐起來既現代又古老。「我們做的事情並不新鮮，」雷澤比告訴我，「我們處理的東西和時間一樣古老。」四萬多年來，住在這片大陸上的人，找到了利用在地食材來烹飪的方法。「他們有自己的烹飪方法，而且存活了幾千年。」這個任務很巨大，因為這片土地很龐大。「澳洲有很多東西，」他繼續說，「感覺像從丹麥到摩洛哥，或從丹麥到耶路撒冷尋覓食材一樣。」搜尋那些土地，回到廚房，哄著大自然唱一首沒人聽過的歌——這沒什麼大不了的。

「坦白講，這是目前世上唯一一家能讓你吃到驚喜元素的餐廳。」雷澤比說：「你多常真正體驗新事物？少的可憐吧。」

「他們聽起來確實有點緊張。」霍蘭德一邊收起手機一邊說。

他知道哪裡可以找到水田芥，但不在我預期充滿田園綠意的地帶。霍蘭德的「祕密」水田芥盛產地，是散布在世界上最著名、最多人拍照的日光浴勝地——邦代海灘——的附近。在原始海岬拐彎處附近的岩坡上，水田芥長得特別茂密。霍蘭德與拉森及他們的團隊，發現了成叢的水田芥並開始摘採。水田芥是從岩石的潮濕裂縫中冒出來，裂縫（crevasse）是液體流過的地方，顯然這正是它叫 watercress（water + cress）的原因。

那些採集者拿出剪刀，連忙爬上岩坡。他們以工廠裝配線的速度剪下水田芥，心裡想著萬一回廚房太遲了，可能有人會大發雷霆。「對我來說，尋覓食材是一種技能，跟學習燉菜一樣重要，」雷澤比後來告訴我，「那是我們工作中非常複雜的一部分。廚房出了差錯？菜不夠？你不能直接打電話給供貨商，你得自己去找出來。」

海浪在離岩坡幾碼處拍打著，濺起陣陣的浪花。太陽開始西下，陽光在周圍的海霧中變成碎形。跑步的人飛奔而過，採集者不停彎腰採著水田芥。

當他們覺得已經採夠了，便火速衝向汽車，鑽進車內。霍蘭德隨即發動引擎。

「誰已經準備好要上路了？」他說。

「我等不及了。」拉森說。

霍蘭德在雪梨附近的海灘上進行採集（2016）。

哥本哈根

最終，如果你夠深入Noma這個類似邪教的圈子，你會獲邀參與健身運動（Workout）。我說「獲邀」，是因為參與那活動理論上是一種榮幸之至的特權。假設你要在某個宗教體系中晉級，而且你需要用一根連著汽車電池的金屬棒刺穿你的臉頰，那可能也會被視為一種特權。

「健身運動」也是如此。雷澤比與妻子倆人，以追求長壽、增進活力，以及幾乎不加掩飾的受虐狂名義，聘請了約翰・楚洛爾斯・安德森（Johan Troels Andersen）來當他們的私人教練。據我所知，安德森似乎不屬於任何已知的運動學派——不是皮拉提斯，也不是瑜伽。他的健身方式可能以「原始」這個詞來形容最為恰當。誠如Noma的根本理念是質樸、回歸土地的靈活應變，「健身運動」的關鍵在於充分利用周遭的一切。在哥本哈根的雷澤比家後院，周遭大多是草地與泥土，還有樹枝，以及可懸掛繩子的備用木樑。

他們邀請我參與「健身運動」時，我答應了，主要是為了不讓勞倫失望——或者，也是為了不讓雷澤比失望。雷澤比像梅莉．史翠普（Meryl Streep）那樣，善於以神不知鬼不覺的目光掃視周遭的事物，他的目光不時瞥向我的肚子。我的肚子看起來像滑落且融化的戰士胸甲——這是美食作家的職業傷害。雷澤比會說：「大哥，時候到了，現在你需要開始運動，以免日後在生活中崩潰。」

「對啊，對啊，對啊。」我總是喃喃回應。我似乎無法把運動視為首要之務，從孩提時代開始我就發現，我連站在健身者的面前都感到不知所措。運動也許是崇高的活動，但是看著別人運動，感覺很尷尬。他們的萊卡材質服裝、擦汗毛巾、興高采烈的神情、喃喃唸著數字的習慣，以及瑜伽中那些用來表達個人優越卻發音錯誤的梵語詞彙——我覺得整個展演過程很可怕，即使我知道逃避運動可能會害死自己。我練了一陣子的瑜伽，後來又逐漸荒廢了。我冥想了一陣子，後來也慢慢荒廢了。前面寫過，我確實很喜歡散步，而且是長時間散步。換成散步的話，我可以一走就是好幾個小時。

但是，散步不屬於「健身運動」的一部分。二〇一六年某個秋日上午，我與勞倫來到雷澤比家的後院，我發現「健身運動」強調比較費力的運動形式。例如，像倒立的螃蟹那樣，在草地上來回地快速移動，或是在布滿灰塵與鵝卵石的狹長地帶上來回奔跑。你必須向前跑，然後向後跑，跑完一趟必須迅速做一次伏地挺身結尾。雷澤比希望「健身運動」有痛苦感，他想要體會那種吃力的感覺，他想要有所成果。某天他與女兒根塔玩耍時突然閃到腰，那次經驗讓他頓時領悟到健康的重要。而且，他一直覺得很疲累，「以前年輕的時候，我經常運動。我喜歡運動，常踢足球。」他接受《男士雜誌》（*Men's Journal*）的訪問時，對記者麗莎·阿本德（Lisa Abend）談到「健身運動」：「但我已經六年沒做任何運動了，現在比二十幾歲時重了約十公斤，最重時達到八十幾公斤。我不胖，但身體軟趴趴的。我看著其他同業，他們四十幾歲就心臟病發，或因高血壓而需要特別留意，我心想：『我可能跟他們一樣，我快四十歲了，現在身體開始走下坡。』」

安德森那套新北歐健身操的核心，是一系列猶如軍事操練的「波比跳」（burpee）——名稱看似簡單無害，實際上卻是讓人痛不欲生的自虐動作。波比跳的作用有點像是一種考驗：即使你曾經熱愛運動，深信你至少還保留一些身強體壯的底子，波比跳會讓你徹底醒悟，完全打消那種念頭。它看起來很簡單，卻一點也不簡單。它的別稱「下蹲後踢」（squat thrust）更能具體描述能量的反作用力——感覺像你推著單輪手推車上山，頭上頂著一顆甜瓜，試圖用雙腳阻止鵝卵石往相反的方向滾動。做一次波比跳就足以讓我頭昏眼花。過程中，我覺得自己好像要暈過去了。你彎下腰繫鞋帶時，有時會感到天旋地轉嗎？把那種感覺乘以十，至少波比跳給我的感覺是那樣。反覆地從站立的姿勢蹲下，變成伏地挺身的棒式，接著起身恢復站立，然後高舉雙臂向上跳躍。我做一次波比跳，就覺得快中風了。我感到噁心，暈頭轉向，恨死那個動作了。

雷澤比顯然也很討厭那個動作，或者他曾經很討厭。他告訴阿本德：「我討厭健身，無時無刻都討厭。」他花了六個月的時間擔心這件事。「週六夜專案」的精神影顯了雷澤比所做的一切。正當他的團隊似乎快要精疲力竭時，他會趁機給他們新的挑戰，驚醒他們：「現在大半夜，馬上做出一道新菜來……各位，收拾行李，我們要去澳洲……跟這裡道別，因為我們要關閉舊Noma，遺忘它。」他面對「健身運動」的態度也一樣，正當我以為訓練結束時，我會聽到他嘴裡吐出那要命的幾個字：「好，夥伴！」並且意識到，令人精疲力竭的接力跑以及拉吊繩動作，只是主要活動的熱身操。我想像這種簡單的遊戲可能追溯到幾百年前。以前北歐海盜在焚燒及掠奪的空檔，肯定也在林間的空地上如此操練。在這種遊戲中，兩人是以蹲伏的姿勢面對彼此。時間一到，你必須四處奔跑，直到你覺得你能夠拍到對方的膝蓋後方。這遊戲看來無害，甚至很有趣，只不過輸家必須付出慘烈的代價。每次對方拍到你的膝蓋後方時，你就必須做一次波比跳，或三次波比跳，或十次。這些波比跳累積起來很驚人，尤其如果你像我一樣，被迫與雷澤比搭檔玩這種抓膝蓋遊戲的話，你就有罪受了。說雷澤比好勝可能還太輕描淡寫了，他是以羅斯福年輕時的那種旺盛活力，卯起來投入這種比賽。比賽結束後，我覺得肚子好像被拿來當雪橇似的。

「當晚我回到西卵，乍看還以為房子失火了。當時已是凌晨兩點，但半島這一帶燈火輝煌。燈光照在樹叢上，感覺很不真實，路邊鐵絲網也映出了一條條細長的光影。繞過轉角，我才發現那是蓋茲比的豪宅，從塔樓到地窖都燈火通明。」

——史考特・費茲傑羅（F. Scott Fitzgerald），《大亨小傳》

「歡迎蒞臨天堂。」雷澤比說。

夜幕慢慢降臨哥本哈根，雷澤比家的後院擠滿了人。現場感覺就像喬治・修拉（Georges Seurat）的名畫《大碗島的星期天下午》（*A Sunday Afternoon on the Island of La Grande Jatte*），混搭滾石樂團（Rolling Stones）《乞丐的盛宴》（*Beggars Banquet*）專輯內頁的飲酒狂歡照（照片中，米克與基斯和其他成員，像文藝復興時期的貴族那樣，圍坐在堆滿肉類與水果的桌子旁）。難怪健身運動對雷澤比那麼重要，不運動的話，廚師基本上遲早都會得到糖尿病或痛風。我們坐在長桌邊，桌上擺滿了美酒與美饌，數量多到擺不下。有些人坐在草坪上，雷澤比正對著大夥兒講話。「就在這裡，」他告訴大家，「今晚，世界上最棒的餐廳就在這裡！」

關於這點，你很難跟他爭論。他家後院聚集了來自世界各地的名廚，他們就像美食界的「復仇者聯盟」那樣齊聚一堂。來自巴西的亞歷克斯・阿塔拉（Alex Atala），來自華盛頓特區、途經西班牙的何塞・安德烈斯（José Andrés），來自澳洲的鄺凱莉，來自洛杉磯的潔西卡・科斯洛（Jessica Koslow），以及雅克・貝潘（Jacques Pepin）、張錫鎬、鮑文、波・貝克（Bo Bech）、米歇爾・特瓦葛羅（Michel Troisgros）、丹尼爾・派特森（Daniel Patterson）。雷澤比能夠說服這些人，千里迢迢從聖保羅、雪梨等地來丹麥參加這個有如野餐的活動，由此可見他的地位。

「MAD 論壇」[66]將於明天展開，那是世界各地的名廚與美食名家一年一度的聚會，他們致力思索及討論當下最急切的問題。不過，光從盛況來說，MAD 會場內的活動可能都比不上這場 A 咖露天餐會的星光熠熠。（餐會開始前，雷澤比請大家不要在社群媒體

66 譯注：「MAD」是丹麥文「食物」的意思。

上分享這場聚會的消息。神奇的是，大家竟然都乖乖照辦。）雷澤比畢竟是雷澤比，把這些名廚都聚在一起吃飯當然還不夠，甚至把他們都找來下廚也不夠。他把他們找來進行一場類似《電視網明星大戰》（*Battle of the Network Stars*）的對決：下午把廚師分成兩人一組，要求他們在日落前，為那場露天餐會做出一道美味佳餚。**開始！**

比賽開始前，雷澤比在院子裡說：「每個人都要下廚，包括你在內。」他是指我。我無法想像自己能為這種派對帶來一丁點專業或甚至基本能力，但我還是鼓起勇氣（我不想再被迫做更多的波比跳了），自願為現場最酷的兩人組擔任打雜的助手：科斯洛與鄺凱莉。科斯洛是南加州的先鋒，她的 Sqirl 餐廳供應全美最獨特的早餐，鄺凱莉在雪梨開的旗艦店家常便飯（Billy Kwong），把澳洲的在地食材融入傳統粵菜中而備受全球讚譽。對鄺凱莉來說，那個頓悟的關鍵時刻——意識到她烹飪時應該善加利用身邊生長的東西——可以追溯到一個特定的時點。二〇一〇年，雷澤比前往雪梨演講，鄺凱莉也到場聆聽。聽完那場演講後，她帶著一股能量離開。那種能量伴隨著任何創意人士對突破的想像。「我從那時開始運用那些食材，」鄺凱莉一邊拿著碗，一邊攪拌白味噌與櫻花醋時，對我這麼說：「隔天我就這樣做了！雷澤比促使我在家常便飯餐廳裡推動了這場革命。對我來說，那是靈光乍現的時刻——『這傢伙究竟是何方神聖？』」

雷澤比自宅後院的 MAD 論壇帳蓬。

在哥本哈根時，鄺凱莉告訴我，她是第三代澳洲人，卻是鄺氏第二十九代子孫，鄺氏家族最早可追溯到宋朝。家常便飯餐廳之所以會有那個脫胎換骨的時刻，要歸功於創辦人積極接納其多元身世的融合。她說：「雷澤比真的啟發了我，讓我敞開心扉，透過食物去發現我的澳洲特質與華人特質。」所以她拿番杏（warrigal greens）[67]來包水餃，用濱藜代替蕪菁來做蘿蔔糕，並開發出紅燒沙袋鼠尾巴之類的菜餚。她使用這些材料，是因為這些都是在地食材，而且風味絕佳——因為雷澤比的獨到見解可以用一種「大風土」（Magnum Terroir）來形容，也就是說，生長在你身邊的食物，是此時此地最受歡迎的食物。「套用雷澤比的說法是『美味可口』，」鄺凱莉接著說，「從美食的角度來看，確實是如此。」

鄺凱莉可能是一個有遠見的廚師，但我不是。不久後我就明白了，在這個臨時的露天廚房裡，我的主要任務是犯一些自娛娛人的錯誤。科斯洛俐落敏捷，頭腦清晰，也有耐心（但耐心還是有限度），她給人的感覺是老練的專業廚師，至少我在她身邊打雜兩個小時的觀察是如此。她決定做一道沙拉，並從附近某個益智節目的現場陳列收集食材，接著她告訴我該怎麼做。她講得很簡單：抓幾把薄荷與百里香，把莖上的葉子摘下來。

67 譯注：別名法國菠菜或紐西蘭菠菜、濱萵苣、洋菠菜等，通常匍匐生長於海灘沙地上。

我雖然有點笨手笨腳，但按照指示做了一會兒之後，我腦中突然浮現一個問題。當時，科斯洛站在我右邊。我應該先說明一點，我有一個難以控制的習慣，我的手臂有時會像蛇一樣擺動。我轉身問科斯洛那個問題，說：「主廚？」當下某種奇妙的時空量子，突然讓我們之間出現一種罕見的親密感：在我的前臂擺動下，我那隻帶著香草味的右手食指不自覺地觸及她的左鼻孔。我把抽動的食指從她的鼻孔移開時，看到她的慈眉善目所展現的寬容，我會永遠記得她的大人大量，她想必是個很棒的老闆。

貝克是哥本哈根的風味大師，擁有一身伐木工人的壯碩身材，他也是以類似的風範包容我的笨拙。（身為《紐約時報》與《君子》雜誌的美食記者，當我可能在主廚大發雷霆下變成砲灰時，記者的身分成了我的最佳盾牌。）貝克與阿塔拉一組，他們是這群大廚中外型最陽剛的組合——貝克有著超大的維京人骨架，阿塔拉的前臂有刺青，眼神中充滿了凶悍野性。他們兩人在科斯洛與鄺凱莉這兩位女士的旁邊做菜。科斯洛與鄺凱莉的料理台是極簡風格。也許接下來的發展暗示了男性廚師的領主權利。過了一個小時左右，貝克直接告訴我，現在我跟他們同一組了。他說：「傑夫，我需要你。」我不知道兩組之間是不是有協商過，也許他們是直接擄走我，又或者，科斯洛被我摸了鼻孔後，悄悄地把我變賣給那兩位壯漢了（「幫我處理一下這個門外漢，」我想像她如此低語，「他在牽累我們的速度。」）。不管是什麼原因，貝克很快就發現我越幫越忙。我幫貝克那組打雜時，看到面前有一個裝滿芹菜的塑膠盆。貝克把一杯水倒在淡綠色的葉子上來清洗葉子。我心想：「這夠簡單了。」所以我也抓起一個杯子這樣做。當我把貝克那杯冰涼的白酒倒在芹菜上時，他露出了我永遠也忘不了的眼神。我剛剛說過，貝克是個大塊頭，但此時此刻，他看起來像一座大山，像大金剛一樣，他要是直接甩我一巴掌，我很可能馬上被打出早發性老年癡呆症。

當然，貝克不可能打我。「不，不，不！」他說，好像在責罵學步的幼兒。他叫我重新開始，並指向一個水槽。於是，我把那盆芹菜搬到水槽裡，洗去菜葉上的酒。我洗完回來時，貝克給我獎勵，就像把食物扔給聽話的狗一樣。他在丹麥最有名的功夫，就是以不超過三到五種的配料，烹調出複雜的風味。那天，他當場做了一道。他拿起一把刀，從一整隻尚未上烤架的羔羊身上，切下一片鯷魚大小的肉片。貝克把那片生羊肉卷在一顆還沒成熟的綠色草莓上，並撒上一點海鹽，接著直接把那一小口食物塞進我嘴裡。

「傑夫，」他說，「生羊肉，這是丹麥吃法。」

和廚師在一起，你會學到一件事：即使他們會做複雜的美食，但他們更推崇簡單的食物。「簡單」這個字眼對他們來說有一種魔力，感覺特別舒心，他們渴望任何看起來不浮誇的高調東西。對雷澤比來說，簡單是透過一鍋豆子或一盤玉米餅來表達。張錫鎬在哥本哈根吃了一頓特色套餐後，果不其然在深夜直奔一家名為 Kebabistan 的平價酒吧，去享用黏稠又鹹香的沙威瑪。阿根廷名廚法蘭西斯．馬爾曼（Francis Mallmann）在巴塔哥尼亞的小島上，享用簡單的晚餐：用鑄鐵鍋燉煮的奶油波斯飯，底部因鑄鐵烹煮而產生香脆的鍋粑。民眾可能會看到馬西默．博圖拉（Massimo Bottura）從他開在義大利摩德納（Modena）的 Osteria Francescana 餐廳，走到一個街區外的地方，享用義大利帕馬火腿、帕馬森乾酪、麵包與葡萄酒。

如今在雷澤比的自家後院，大家也抱持相同的原則。廚師兩兩一組忙著醃製、剁碎、隨性地烹煮食材。沒有人太注意他們正在烹煮什麼，多數的菜色（例如烤羊肉、什錦沙拉）最終都反映出他們對簡單的渴望。這場野外餐會感覺像一場即興演奏會，由著名的音樂家演奏許多民歌，其實不是真的比賽，結束時沒有獎品，雷澤比也不會頒發獎盃。最後大家選出的「獲勝」菜餚是最簡單的：由奧利維耶．羅林傑（Olivier Roellinger）和兒子雨果（Hugo）一起做的烤比目魚，調味恰到好處，以最單純的方式燒烤而成。羅林傑是法國名廚，也是溫和的左派，以放棄米其林三星而聞名。雷澤比抓住我的手臂，朝魚的方向點了點頭說：「千萬別錯過了。」他說得沒錯，那條比目魚烤得香甜，冒著熱氣。

夜幕低垂時，我不禁想到，雷澤比會不會哪天突然像羅林傑那樣視盛名如浮雲，在場外找到知足與豁達。畢竟，沒有人能夠永遠求知若渴。

挪威

我在挪威北極圈內的某處水域，搭著一艘船。

我無法告訴你確切的方位，因為羅德里克．史隆（Roderick Sloan）不希望我透露。不過，即使我貿然決定揭露他的祕密，透露他主要釣魚地點的ＧＰＳ座標，其實我也找不出來。這裡二月中旬的空氣實在太冷了，我的 iPhone 只要不塞在胸前的口袋裡，它就會自動關機。其實連我的手指也凍麻了，不聽使喚，所以我只能在偶爾脫掉手套時，迅速做筆記。但是，我要做筆記時，連原子筆裡的墨水似乎也結凍了。

「這是我的瑜伽，」史隆告訴我們，「這是我找到靈魂的地方。」他站在第二艘船上，裹著一件鼓脹的連身衣，以免身體受到零下低溫的傷害。雪花在他的周圍飄動，船隻周圍的小島與半島都覆蓋了厚厚的冰雪。水面看起來是深藍色與深綠色，視日照而定。這

漁民史隆在他的船上。

個時間的日照比較黯淡，也比較短。我不禁納悶，萬一翻船落水，我能活多久。但史隆經常潛入水中，他找到了一種謀生方法：潛入寒冷的海流中，打撈他認為全歐洲最新鮮、最純淨的海鮮，而且他已經靠這個本事在國際上享負盛名。「下次你們看到海鮮，就知道最好的東西來自這裡。」他以濃重的蘇格蘭腔對一群顫抖的廚師與記者說：「這裡的所有東西都會先經過我親口品嚐，每一盒都必須完美無暇，每一盒都是如此。」

我之所以在隆冬時節來到挪威，是因為我第一次去 Noma 用餐時，嚐到一道令我特別驚艷的菜：海膽配榛果。那道菜可以追溯到史隆與他的挪威籍妻子及三個兒子一起居住的偏僻霜凍地區。Noma 的死忠粉絲中，可能找不到比史隆更狂熱的信徒了。作家弗朗茲・立茲（Franz Lidz）曾如此描述他和他的職業：

> 在許多人眼中，史隆最荒謬的是他開創的不穩定職涯。在極端惡劣的天候中，他潛入冰冷的峽灣採集海膽。這種小動物看起來像包裹在松薊（pine thistles）[68]中的壁球。史隆潛水打撈海膽（挪威語是 krakebolle，字面意思是「烏鴉的球」）不僅危險，也很大膽。那裡的海浪往往變幻莫測，還有狂風暴雨，暴風雪可能在一瞬

68 編注：一種生長於地中海地區的有毒菊科植物。粉紫色猶如尖刺般的花瓣，使其外觀看起來與海膽相似。

間出現。

我第一次見到史隆，是在哥本哈根的 MAD 論壇上，當時他坐在一捆乾草上。我猜他當時已經喝了幾杯酒，但你永遠不會知道他有沒有喝。即使他沒有喝酒，他的人際互動似乎總是像喝開了一樣，特別起勁。他主動找我攀談，挖苦我，讓人幾乎搞不清楚他究竟是在搏感情，還是在結樑子。你無法分辨他是想擁抱你，還是想扁你。他留著大鬍子，斜著眼，操著蘇格蘭口音，看起來像電影《猜火車》（*Trainspotting*）中的貝格比（Begbie）——如果貝格比那個角色是由羅賓．威廉姆斯以《大力水手》（*Popeye*）的扮相來演出的話。他這個人沒什麼心眼，脾氣暴躁，心胸開闊，很容易被激怒（也許那是裝出來的？），有時一句話就能讓他展現出上述所有特質。他就像散居世界各地的 Noma 成員習慣做的那樣，正眼看著我，提出一個瘋狂的建議：「二月中旬來挪威，我們去釣魚。」他如此建議時，我已經知道，面對這種建議，我只能回以瘋狂的答覆：「好啊！」

當然，雷澤比也去過。某天史隆帶雷澤比出海約六個小時，此後他對雷澤比的敬意又更加強烈了。那時氣溫約是攝氏負十五度左右，但雷澤比穿著運動鞋，而不是史隆要求客人穿的厚靴。儘管如此，雷澤比並未抱怨天氣太冷。「我與雷澤比之間有很強的忠誠度。」史隆告訴我，「他從來不說謊，按時付款，從不做壞事。」

起初，史隆與雷澤比的關係，是建立在他們對單一食材的共同熱愛上——海膽。史隆的海膽非常新鮮，打撈當天隨即出貨，先裝船，接著空運，在下午四點前活跳跳地送達Noma的水箱。這種新鮮海膽無須裝飾，只要添加牛奶和尚未成熟的榛果，就可以直接上桌。史隆發現大量的海膽時，全球美食界的廚師正好都突然對海膽有強烈的需求。

二〇一四年，立茲寫道：

> 海膽一度被龍蝦漁民視為禍害[69]，被譏為「妓女的卵」，常遭到錘子砸碎，或因賣不掉而扔回海裡。但是在精緻餐飲這個美麗新世界裡，原本地位低下的海膽卻變成一道珍貴、口感滑順的美味佳餚。與魚子醬不同的是，魚子醬是魚卵，海膽籽是它的生殖腺。每年全球老饕吃下逾十萬噸的海膽，這些老饕主要是在法國與日本。在日本，這種鹹味、顆粒狀的糊狀物體稱為ウニ（uni），日本人普遍認為，海膽即使不是春藥，也是一種提神的補品。日本人慶祝新年時，有致贈海膽當賀禮的習俗。

69 譯注：因為海膽會偷吃捕龍蝦用的餌。

不過，史隆為 Noma 供應海膽而一舉成名的同時，恰好也遭遇到殘酷命運的捉弄。某天，在毫無預警之下，他祕密打撈海膽的地點，突然完全看不到海膽的蹤跡。海洋是變化無常的環境，尤其氣候變遷對天然棲息地又造成嚴重的破壞。立茲寫道：「海膽既脆弱又具破壞性，在海裡有如一場小小的環保風暴。在地球的每個角落，海膽似乎不是太少，就是太多。法國與愛爾蘭在幾年前就吃光了他們的海岸庫存。在美國的緬因州、加拿大的新斯科舍省以及日本，海膽的數量因過度捕撈與病變而遽減。」史隆只知道，某天他開船出海，穿上三十公斤的潛水裝備，冒著被海藻纏住的危險跳入海中，卻空手而歸。

那次經歷令他大受打擊，聊到這個話題時，他一反平日講話大喇喇的風格，依然有點說不出話來。「牠們都走了，」他以近乎耳語的聲音對我說，「做這行不是大好就是大壞。」他有地圖，那些地圖理當指引他找到數千顆海膽聚集的地方。許多雜誌介紹過他。「突然間，世界各地的廚師都想要跟我買海膽。」他說：「但我回到海洋，海洋已經空了，這實在太尷尬了。」

他必須讓雷澤比知道這個壞消息，他必須告訴他最好的客戶，他最愛的食材之一已不復存在。

挪威北極圈內的某處。

「史隆，太遺憾了！」雷澤比對他說，「你還有什麼？我想全部買下來。」

現在，我正沉浸在逃避現實的瘋狂中。Noma 就像一箱 Lapierre Morgon 葡萄酒，我忍不住為自己斟了一杯又一杯，當它又搭配上「我與勞倫陷入愛河」這劑仙藥後，勁道又更強了。我與勞倫簡直是逃避現實的鴛鴦大師。我到挪威採訪史隆後，上網找到一張從奧斯陸飛往巴黎的廉航機票（票價才三十三美元），我毫不猶豫地訂了票。這趟旅程一路走來，我從原本的行屍走肉，變成陷入熱舞。我飛到巴黎去探索第十區與第十一區的自然派葡萄酒吧，例如 Le Verre Volé、La Buvette、Aux Deux Amis、Septime La Cave。這些地方代表了我們在享用葡萄酒方面，一些不經意的革命性進展。法國的自然派葡萄酒運動（natural wine movement）在 Noma 找到了盟友。Noma 對有機野生的推崇，與 le vin vivant（living wine）的意識形態一致。活酒、生酒、自然酒——不管你想怎麼稱呼它，它都是在盡可能減少人類的干擾下生產，而且不使用大家常用來控制顏色、穩定性、色調的添加劑。改變水果的是酵母，酵母只要有糖就可以在葡萄上、葉子上、莖上、地窖的牆壁上蓬勃運作——這是最強大的風土：土地創造出的葡萄酒，講述著那片土地的故事。如果你想像一個古羅馬的酒鬼把水果搗碎，放入雙耳罐裡發酵，那離理想狀態已經不遠了。以這種方式釀造葡萄酒比較冒險，因為許多不可預測的因素都會影響葡萄酒的釀造，使它產生各種不同的風味。從這裡不難看出自然派葡萄酒為什麼對雷澤比有那麼大的吸引力。Noma 供應自然派葡萄酒，起初是一個激進的決定，但它也為世界各地的其他餐廳與酒吧開了先例，從紐約市的 Frenchette 餐廳到加州奧克蘭的 Ordinaire 餐廳，大家都開始跟進。不過我發現，某種野生酵母顯然也在我腦中的葡萄園裡運作。這時的我已經辭去《紐約時報》的工作，賣掉我在威徹斯特郡的房子。我想，我之所以訂下飛往巴黎的機票，是因為我想重溫一些年輕時的狂熱。當我站在新橋（Pont Neuf）環視巴黎夜景並開始痛哭起來時，我也覺得那好像又做了一次波比跳。很少事情像卯起來拋除一切拘束那樣令人振奮，我知道這種振奮感不會持續太久，但我決定在還能享受時，好好把握。

阿德里亞接受本報訪問時表示，開設 El Bulli 餐廳多年後，創新點子變得極其困難。

你呢？現在你打算如何發展？

我覺得，到某個時點，你認為自己再也想不出新的東西是很自然的。你會開始重複做以前的東西，最糟的情況是，只能端出千篇一律的老把戲。我在每一家餐廳都看過這種情況。

我相信，我可以在某個時點再次找到靈感，我可以在一個新的專案及新的工作架構中，重新點燃創意，而其他人也可以接管 Noma。那確實是我的計畫。一旦你拿到第一名，當然，那就是結束的開始。

——雷澤比接受凱蒂．麥克勞林（Katie McLaughlin）的訪問，《華爾街日報》，二〇一〇年六月

然後，事情就發生了。Noma 就要結束了，再也不回頭。

我從巴黎飛抵哥本哈根時，Noma 團隊正全力投入 Noma 在克里斯汀港碼頭原址所舉行的最後午餐。雷澤比的雄心壯志就像太空垃圾一樣，一直繞著這座東拼西湊、始終不夠大的建築打轉。後方的燒烤架可以拿到墨西哥的提華納（Tijuana）小巷裡賣豬肉絲。再往後幾步是發酵實驗室，看起來像聖佩德羅（San Pedro）的裝卸碼頭，堆滿了貨櫃。這裡就是「世界上最棒的餐廳」——大家知道這裡是搖搖欲墜、臨時拼湊出來的地方嗎？大家知道許多珍饈是從類似龐克樂團排練場地那樣隨性的房間、角落、盆盆桶桶中創造出來的嗎？大家知道這整件事是多麼奇怪的奇蹟嗎？就像巴布．狄倫突然從明尼蘇達州的希賓（Hibbing）冒出來那樣，Noma 就這樣橫空出世，並且改變了文化對談的方式一段時

間。

當我放下行李走向廚房時，雷澤比對我說：「如果你想維持頭腦年輕，就必須不停地移動。」上週六，他才陷入憂鬱，但今天他又活蹦亂跳了。他說，體內數兆個細胞告訴他，這是在正確的時間，採取正確的行動。我以為他會以大自然來打比方——關於季節、生命循環、更新與衰退之類的——結果不是，他是以巨無霸客機來比喻。想像一下，波音七四七在一九六九年二月九日首航，而且要讓那個龐然大物起飛，需要多大的力道與信念，才能把那驚人的重量推到空中。「我們就是巨無霸客機。」雷澤比說。

我到廚房轉了一圈，看到利文斯頓在流理台上留了兩道甜點：一碗牛奶冰淇淋，底部是由螞蟻做成的野味醬，上面是使用蘋果醋與榲桲（quince）[70]製成的酸甜醬。另一道甜點就像最後的炫麗收尾：把丹麥糕點扭曲拉長，變成像一條延伸捲曲的薯條。雷澤比要我嚐嚐看，那兩道甜點將會是舊 Noma 最後登場的菜色。二〇〇三年以來打造的所有東西，將會像落在舌尖上的糕點碎片那樣化開來，進而消失。或許這種稍縱即逝的特質，正是享用美食令人如此愉悅的原因之一。你可以盡量拍照，放上 Instagram 保存，但是任

70 編注：外皮顏色金黃，外形像是蘋果和梨子的混合體，帶有蘋果香。果肉質地脆硬不適合生食，通常用於製作派、塔等甜點或果醬。

何照片都無法讓人回味一道菜的味道、口感與溫度，以及你咬下去時，它在你嘴裡崩解的方式。多年來，成千上萬份的餐點促成了Noma的聲名鵲起——一盤又一盤，一口又一口——但廚房裡的每個人都知道，那些菜色都將成為傳說，「嘿，你嚐過海膽配榛果嗎？」

空氣中瀰漫著一絲絲的混亂。你可以抽象地談論變化，但是當變化終於來臨時，一切都充滿了額外的戲劇性。雷夫斯隆從紐約飛來哥本哈根，安德斯．塞爾默（Anders Selmer）從哥本哈根的另一頭趕來，為Noma曾經的光景乾杯。他們兩人都是二〇〇三年Noma開業時的元老。他們三人（雷澤比、雷夫斯隆、塞爾默）一起合照留念。但彷彿這種逐漸增強的戲劇性還不夠似的，雷澤比的妻子娜汀剛動完牙科手術，講起話來像是嘴裡塞滿了棉球。「她半張臉完全麻痺了，」雷澤比說，「我跟她說：『娜汀，妳怎麼會選今天做根管治療？哪天不選，偏偏選週六？而且還是**這個**週六？』」

這個場合一定要有人發表感想，雷澤比不想上場。他站在團隊的面前，距離晚餐開場還有一個小時左右，他整個人僵在原地，不知該如何用言語表達，滿腔的情緒使他不知所措。湯瑪斯．弗雷柏（Thomas Frebel）出來幫他解圍。

「好吧，或許由我來吧。」弗雷柏說。

「謝謝。」雷澤比嘶啞地說。

「大家都知道我不喜歡講太多話——演講之類的，」弗雷柏說，「但我想，我是代表在座的每個人以及所有參與過這家餐廳的人，來向雷澤比道謝的。謝謝你邀請我們參與這家餐廳。」房間裡爆出了一波又一波的歡呼聲與掌聲。

雷澤比努力擠出一些話：「我對自己承諾，我不要在這裡回顧過往，因為接下來的兩天，我們有很多時間一邊開派對，一邊話當年……此外，那也是因為那樣做太……」

他說到一半就停了，雙手擱在屁股上。他搖了搖頭，雷夫斯隆從他身後走上前，抓住雷澤比的脖子與肩膀。雷澤比哭了，他又努力擠出幾句話。

「那樣做對我來說太沉重了，因為我人生中的一切，都是從這裡得來的。」雷澤比說，「我的妻子、孩子、朋友。」他的聲音變得沙啞，拉起圍裙拭淚。「我之所以告訴自己不要那樣做，是因為我太想在下一個地方闖出一番成績了，你們明白我的意思嗎？捨棄一個東西是非常困難的一步，但這是我必須去做的。我們也覺得我們可以做得更棒，我一點也不懷疑。謝謝各位！過去十三年來，實在太瘋狂了，我沒料到我們會發展成這樣。這裡有兩個人，他們是最早在這裡服務的夥伴。這裡有些人是從第一天起就加入我們的行列。這實在太瘋狂了。」

他還記得客人第一次走進餐廳的情景，還記得他對人大喊大叫的情境。突然間，他想起這十三年來的大起大落。

「這個地方給了我太多太多了，簡直難以置信。我真的真的相信，Noma 的成就是我們所有人的總和。我知道我上了雜誌封面並接受各種訪問，但我知道，你們從客人的身上也感覺到了吧？他們都說，這裡除了美食以外，還有更多的東西。食物很棒，但這裡還有更多的東西。你們之中有多少人聽過這樣的話？每個人都聽過吧！這裡還有更多的東西。他們所指的是人，和人有關。對我來說，那才是Noma 最特別的地方——所有的人。所以，感謝你們來到這裡，聽我胡言亂語，看我耍脾氣、鬧情緒。我知道我很渾蛋，很難搞，感謝各位的忍讓與包容。」

突然間，他的情緒調性變了——從懷舊轉為熱情。

「至於 Noma 2.0？十三年前我與雷夫斯隆一起開業以來，我從來沒有這種感覺。我一想到它，就幾乎無法控制自己。你們都看過我這幾天的樣子，我也不知道我在想什麼，只覺得頭快爆炸了。我想要帶給大家震撼，想要突破，我他媽的都快瘋了。我就是那麼想做那件事，你們明白嗎？你們曾經有過那種感覺、極度想要抓住某個目標嗎？」

他環顧周遭的人群，看著每位共事者的臉龐。

右：2017 年 2 月，Noma 原址營運的最後一晚，廚師們正在準備最後的晚餐服務。
左：在這最後一晚，廚師打開搖過的香檳噴向雷澤比。

「好吧。那現在呢？我們開始提供美味的餐點吧。」

晚餐結束時，隨著精緻甜點送到最後一桌，廚房裡的廚師打開搖過的香檳，向雷澤比噴灑，彷彿超級盃結束時，球員對著教練噴灑開特力（Gatorade）那樣。

翌日早上，雷澤比、瑞克特、阿里・松科（Ali Sonko）[71]、餐廳的其他員工聚在外牆的 Noma 招牌邊，逐一字母拆下招牌。每拆下一個字母，就響起一陣歡呼。這個過程似乎充滿了意義，**noma** 變成 **nom**，然後 **no**，然後 **n**，後來整個空了，只剩牆上的洞。一些遊客路過，可能是從新橋走過來的，他們很好奇大家在歡呼什麼。

「各位，餐廳關門了，」雷澤比對遊客說，「我們即將把這裡拆掉，一切結束了。」

71 譯注：在 Noma 擔任洗碗工十三年，後來成為雷澤比新餐廳的合夥人。

隔天早上，雷澤比正在拆下 Noma 原址的招牌。

第三部 行動之屋

瓦哈卡

「墨西哥地區的食物是獨樹一格的美食世界，迷人又多元。可惜的是，太多外人依然認為墨西哥菜是一盤過於龐雜的大雜燴，淋上大量的番茄醬、酸奶油、黃色乳酪絲，而且主菜之前還要先上一盤火辣辣的醬料及油膩的炸玉米片。」

——黛安娜・甘迺迪（Diana Kennedy），《墨西哥烹飪的藝術》（*The Art of Mexican Cooking*）

「每個人開始用日輝牌（Day-Glo）的螢光漆塗一隻手，然後把塗滿螢光漆的手掌打開，伸出去，看著現實世界在迷幻中漂浮……

凱西再次跟大家簡要說明這趟旅程，其他人都沒意見，他們開始覺得這趟旅程正逐漸變成某種……使命。」

——湯姆．沃爾夫（Tom Wolfe），《刺激酷愛迷幻考驗》（*The Electric Kool-Aid Acid Test*）

墨西哥太豐富了，有那麼多東西可吃，那麼多東西可學，那麼多食材——辣椒、香料、葉子、椰子、昆蟲、水果——還有那麼多的準備工作。不過，雷澤比覺得，在他信心十足在土倫開設Noma快閃餐廳以前，他需要先熟悉兩種墨西哥食物，那就是玉米餅與莫蕾。一種看起來極其簡單（把玉米粉與水混合成一種名叫masa的玉米麵團，接著以烤盤烤成餅皮），另一種可說是複雜的典型。想要定義莫蕾，往往會失去對其定義的掌握。莫蕾可以是一切，是無限的混搭。你可以說，莫蕾是一種醬汁，你也可以說它往往混合了辣椒與香料（但不見得總是如此）。你可以說，莫蕾與莎莎醬的區別在於其密度、稠度，以及它慢慢把多種食材熬煮成濃縮的醬汁——大致上你說得沒錯，但不見得總是如此。「莫蕾」這個詞感覺像原住民使用的語言切換技巧，目的是永遠把西班牙侵略者隔絕在外，使他們無法深入原住民文化的堂奧。莫蕾有紅的、黃的、綠的、黑的。事實上，莫蕾可以做得非常黝黑——以煮到快變灰炭的焦黑辣椒片製成——嚐起來像哥德式濃湯。想像一下把夜色一口一口吞下肚的感覺。

玉米餅就只有一種，莫蕾則是千變萬化。好吃的玉米餅是毫無異議、沒有商量餘地的，當然，玉米餅有不同的大小、顏色與厚度，但玉米餅的功能依然是墨西哥菜存在的核心。也許對雷澤比這樣複雜的人來說，這是一個非常恰當的矛盾現象：我從來沒看過他做出好吃的玉米餅。他試了又試，觀察墨西哥女人熟練地把玉米麵團放在烤盤上，看著麵團終於膨起，彷彿有隱形的精靈在吹氣似的。他想從中發現訣竅，卻怎麼也做不好。他做的玉米餅在烘烤時鮮少膨起。大家說他是世界上最棒的廚師，但從他的眼神中可以清楚看到，他已經明白，他永遠無法像墨西哥龐大的女性人口那樣熟稔玉米餅的技藝。

不過，換成莫蕾，也許他可以搞出一點名堂。不見得是做得比較好，反正沒有人的莫蕾可以媲美真正的瓦哈卡莫蕾——他很清楚這點。但至少他可以做 Noma 版的莫蕾，藉此表達他對這個國家的熱愛，愛到他必須三不五時來一趟。Noma 墨西哥快閃餐廳的背後有一個重點：烤豬肉薄餅（cochinita pibil）、墨西哥巧克力辣醬（mole poblano）等傳統墨西哥菜的完美，是永遠無法超越的，你再怎麼努力嘗試都沒有意義。（試圖「超越」那些菜色，當然是殖民主義與獨裁的，不僅冒犯了在地文化，顯然也不可能成功。）

Noma 的作法——在日本、澳洲、墨西哥——是把美食拆解到組成的原料，然後再從頭開始組合或重新想像。（最理想的情況是，促進世界不同地區之間的文化交流。）但首先，你得先明白你拆解的東西。拆解莫蕾，就像拆解一條河。莫蕾是液態的，綿綿不絕，本質難以捉摸，你無法「追根究底」。與其說它是一種醬汁，它更像是一種醬汁的馬賽克。它沒有固定的食譜，比較像是一種宣言。然而，莫蕾之於墨西哥的意義，就像羅勒青醬之於義大利的部分地區、芝麻醬之於中東的意義。精緻的莫蕾可能有二十、三十、四十或五十種食材，每種食材的可能比例幾乎有無限多種。它們就像拼圖的拼塊，每次拼好時，顯示的圖像都不一樣。雷澤比生性好強，奧爾韋拉在 Pujol 餐廳讓他品嚐的老莫蕾，依然令他魂牽夢縈，念念不忘——那是一種有如大地之母的老莫蕾，熟成多時，韻味豐富，香味與勁道的層次感幾乎無法估量。

⚜

這個任務需要的人手不止一個。為了探索莫蕾這個深不見底的領域，雷澤比召集了一群超級好朋友。你可能很好奇，一個廚師要如何「了解」一整個國家的美食，尤其像墨西哥這樣的國家，地區風格在每個村莊都有細微的差異。雷澤比是鑽研食譜書嗎？不是，他的方式不是紙上談兵，而是親力親為。他就像情報機構的頭子一樣，挑選了一些偵察員跟他一起出任務。他做菜有賴實地偵察。他是根據風味的辨識力來挑選偵察員。就像電影《虎豹小霸王》（*Butch Cassidy and the Sundance Kid*）裡的印地安人追蹤專家「巴爾的摩勳爵」（Lord Baltimore），是藉由辨識蹄印、灌木叢的裂縫、人類氣味的殘留、塵埃的旋動、峽谷空氣中微弱的嘶鳴回聲等，來領導搜尋隊那樣。Noma 這群超級英雄，似乎都有著靈敏過人的感應天線，但他們不是全員具備墨西哥美食專家的資格。事實上，他們之所以獲選，是為了在專業與初心之間拿捏平衡點。對桑切斯與聖地雅哥・拉斯特拉・羅德里格斯（Santiago Lastra Rodriguez）來說，他們對墨西哥食物的瞭解是從一出生就開始。但是，對於分別來自德國、丹麥、日本的湯瑪斯・弗雷柏、梅特・瑟柏（Mette Søberg）、高橋惇一（Junichi Takahashi）來說，墨西哥的食材，就跟來自遙遠的月球沒什麼兩樣。

高橋（暱稱「小惇」）常陪我一起坐在麵包車的後座，他似乎隨時隨地都可以陷入夢遊的恍惚狀態。他到現在還無法忍受舌尖上的辣椒灼燒感。在日本，沒有什麼東西能與他經常在墨西哥路上遇到的香料衝擊相提並論。

瑟柏（團隊中最安靜的）與弗雷柏帶著歐式鑑賞力來到這裡，但他們的創意似乎無窮無盡。弗雷柏的肌肉線條分明，看不出來他年少時是縱情派對的玩咖。他告訴我，冷戰時期，他的童年是在東德度過，周遭沒有人買得起奢侈品。某天，他對味道的開悟，來自一個源於柏林圍牆另一邊的盒子。一九八八年，他的母親獲准造訪西德，並帶回一小盒橘子。對弗雷柏來說，咬下多汁的橘子，就好像把大量的陽光灑在東德灰濛濛的環境裡一樣。隨著 Noma 墨西哥計畫的展開，弗雷柏往往是團隊中，第一個迎接那些叢林水果的人。那些從叢林運來的水果，往往散發著濃郁的風味。

羅德里格斯是擔任喬事者。在雷澤比與偵察員抵達之前，他必須先做好準備工作。他的使命既明確又近乎不可能：找到最好的食材。使出渾身解數，用盡各種手段，就是要找到最好的。在墨西哥的某處有最好的玉米、最好的土荊芥、最好的章魚、最好的螞蟻蛋、最好的迷你蕉、最好的椰子等著他們——羅德里格斯需要找到這些珍饈的位置，並想辦法讓墨西哥的 Noma 團隊，在它們最鮮美的時刻取得。當然，沒問題！

羅德里格斯才二十幾歲，在墨西哥城以南約九十分鐘車程的庫埃納瓦卡（Cuernavaca）長大。他跟許多的年輕廚師一樣，是透過快閃餐廳對烹飪產生更深入的理解。快閃餐廳就好像尋寶遊戲混搭 Airbnb 贊助的《頂尖主廚大對決》（*Top Chef*）[72]，是一種短期營運的餐飲服務。Noma 墨西哥餐廳也是一家快閃店，就像之前的 Noma 日本與 Noma 澳洲一樣。但是，相較於一般的快閃餐廳，Noma 的排場多了研究生論文的深度。羅德里格斯喜歡去鮮少出現塔可及墨西哥菜的地方——例如瑞典、義大利、臺灣、英國、俄羅斯——利用當地的食材來烹煮墨西哥菜。「這是探索家鄉文化的好方法。」他告訴我，「你真的很懷念那種味道。如果你去俄羅斯，全國只有三百個墨西哥人，沒有人知道墨西哥菜是什麼。你在那裡看到墨西哥餐廳時，不會想去那種地方。」在俄羅斯，他以亞美尼亞薄餅（lavash）[73]取代墨西哥玉米餅。他說：「俄羅斯很奇怪，他們不進口任何東西。」在莫斯科，他是以墨西哥辣椒醬來烤蝦，接著把烤好的蝦子和德國泡菜一起捲在亞美尼亞薄餅裡。那是最接近墨西哥料理的作法了。

如果這台在墨西哥四處趴趴走的麵包車裡，有分塔可的門外漢與死忠愛好者的話，羅德里格斯屬於後者。他專門研究醬汁，知道醬汁的口感與溫度的對比，是影響塔可美

72 編注：美國真人實境競賽電視節目，於二〇〇六年開播，曾獲艾美獎肯定。多位主廚在節目中比拚廚藝，二〇二二年已播放至第十八季。

73 編注：直譯為拉瓦什薄餅，為亞美尼亞當地的傳統麵包。將麵粉、水和鹽和成麵團，放進土窯裡烤成的圓形薄餅，烘烤方式跟台灣的胡椒餅有點相似。可包裹各種餡料做成捲餅或三明治食用。

味度的關鍵。或許更重要的是，既然他可以輕鬆在國外市場找到做墨西哥菜的食材，顯然他已經掌握了排除萬難以尋找最佳食材的必要技巧。如果他可以在莫斯科做出近似塔可的東西，那麼想像一下，他在自己的家鄉可以做到什麼程度。

「你看到那邊的看板了嗎？」雷澤比說，「直走。」

麵包車駛進瓦哈卡附近的齊瑪蘭市（Zimatlán de Alvarez），低矮建築的上方，掛著廚師胡安娜・阿瑪亞・賀南德絲（Juana Amaya Hernandez）的看板，看板中的肖像散發著母性的光芒。我們即將進入她的地盤。墨西哥各地都有年輕的廚師為莫蕾的神祕帶來創新，但如果你想深入探索莫蕾的傳統，你找不到比賀南德絲更好的大師了。雷澤比與團隊一踏進 Mi Tierra Linda 的庭院時，馬上就明白這點。Mi Tierra Linda 是賀南德絲在齊瑪蘭市開的餐廳兼學校，她在這裡為我們布置了一個類似博物館的地方，用來展示辣椒的演變。

「哇！」雷澤比說，「他們準備好了。」在陽台下方，柴火燒得劈啪作響，一堆鍋碗瓢盆已經擺好陣仗，準備逐步引導我們了解莫蕾的製作。不過，展覽的正中央是一張長木桌，上面擺著五顏六色、千形萬狀的辣椒，並逐一貼上標籤。例如：安丘辣椒（chile ancho）、瓜希柳辣椒（chile guajillo）、水辣椒（chile de agua）、吉果斯列辣椒（chile chilcostle）、盎司辣椒（chile onza）——雷澤比說：「我從來沒聽過這個盎司辣椒。」——

奇特品辣椒（chile chiltepe）、索德里多辣椒（chile solterito）。雷澤比嘗試這些辣椒的甜度與辣度時，賀南德絲露出睿智的笑容。

雷澤比拿起一種叫「南茜」（nanche）[74]的水果，並認出了它。他說：「這需要醃製，對吧？」他們的話題轉向螞蟻蛋，那是每年春天採收幾天的白色光滑蟻卵。賀南德絲說：「對我們來說，那就像魚子醬。」羅德里格斯幫她翻譯。考察任務似乎立即展開了，雷澤比感覺不太舒服，但他設法掩飾身體的不適。我在墨西哥沒見過雷澤比生病，但我在齊瑪蘭市的這個庭院看到他時，我看得出來他病了。他的皮膚慘白發青，缺乏活力，講起話來有點含糊不清——就像上了發條的士兵玩具，喀啦喀啦地走到快結束的樣子。他的臉色顯示他喝了太多酒：一種叫做 jaundice 的利口酒。他搖搖晃晃地走著，試圖掩飾腸胃的不適。但是，當他衝到 Mi Tierra Linda 的廁所時（可能是第七次），我知道大事不妙了。（美國人一講到墨西哥旅遊，老愛說的風涼話是：「別喝那邊的水。」那句話就像對「糟糕的鄰里」發出大驚小怪的警告似的，往往透露出那個危言聳聽者的仇外情緒，不需要真的擔心什麼。我在墨西哥沒生過病，吃了很多水果，用自來水刷牙，除了偶爾拉肚子以外，沒什麼大礙。）

---

74 編注：墨西哥常見的水果，外形迷你如櫻桃，風味濃郁甜美，經常用來製成果醬、果汁和蒸餾酒。

「我有點想吐。」雷澤比告訴我。

他的關節發疼，全身發冷，額頭像膠帶一樣又濕又黏。對於這次他和團隊在墨西哥進行的考察之旅來說，這有點出師不利。這種狀態也不適合一次品嚐六、七種莫蕾，但他仍繼續硬撐。每次他的身邊出現備受敬重的專家時，他就像五歲小男孩一樣不停地問道：「那是什麼？那是什麼？那是什麼？」你幾乎可以看到，他那個有如百科全書的大腦正在吸收那些知識。瓦哈卡地區至少有兩百種莫蕾，用來加熱烤盤的木材是 encino（長青橡木）。充滿泡沫的濃稠飲料叫 atole，是玉米做的。「這是早餐嗎？」他問道，「真好喝，上面有冰冷的泡沫時，感覺像在 El Bulli 用餐一樣。」

他又喝了一口，「但是這更好喝。」他說。

雷澤比得知這種飲料，是西班牙侵略這裡以前就有的東西，是古早的味道。

「那是什麼味道？那是什麼味道？」

雷澤比一再對團隊成員這麼說。他想縮小範圍，他想吃只添加鹽的玉米餅，這樣一來，他就可以不受干擾地盡情品嚐它的香味。那味道就在那裡——那是石灰石的殘跡，鹼法烹製的殘留物。他說：「但它使玉米餅吃起來更濕潤爽口。」

他把一片香草葉子傳給大家看，那片葉子看起來像公爵夫人搧風用的扇子。「聞聞看，」他說，「這裡的胡椒葉。」賀南德絲提供的早餐簡單誘人：兩張玉米餅中間夾著一顆蛋以及一片鬆軟的胡椒葉。她把兩片玉米餅捏成餃子的形狀。

「喜歡嗎？」她問雷澤比。

「喜歡。」他說，「真是學到了！這裡的葉子實在太厲害了，味道非常非常地濃郁。」他伸手拿起一小團像莫札瑞拉（mozzarella）的白乳酪。「這很好吃，有點發酵，但很好。」

大夥兒聊到這一區的料理幾乎都使用豬油，羅德里格斯說：「你可以在瓦哈卡料理中感受到豬肉的脂肪，而且很多、很多。」他們也聊到奧爾梅克文明（Olmec）對可可的馴化，以及古代祭司以一種可可－辣椒釀造而成的東西，作為儀式飲料。Noma 團隊的人輪流試著在烤盤上烤玉米餅，並用研缽磨碎巧克力。

但是，這些對話與食物將如何體現在菜單上？「我們還不知道，」雷澤比說，「我們還在吸收一切東西。」

他們要吸收的，可不止是味道而已，還有景象、經驗與衝擊。兩天前，在墨西哥城的北部，他們目睹了為了墨西哥燒烤而宰殺的羔羊。幾天後，他們又目睹波波卡特佩特火山（Popocatepetl）像抽著煙斗的胖教授那樣，隨意地吐出一口口的煙。我們在旅程中，有時車子拐個彎，就看見一對新婚夫婦在管樂隊的伴奏下走上山。現在我們擠進一台小貨車的車斗，前往田野。後來貨車終於慢了下來，我們爬出車斗來看甘蔗。一個農民揮著大刀砍下了幾根甘蔗。

「這是甘蔗嗎？」雷澤比說，「什麼季節產甘蔗？」

「現在。」羅德里格斯說。

「你去過沖繩嗎？」高橋問我，「那裡也產甘蔗。」一小段甘蔗在大夥兒的手中傳來傳去，看有沒有人想啃。雷澤比說：「大家都在啃木頭。」接著，他發現了別的東西。「各位，這是野生香茅。」要學的東西實在多到難以計數。歷史、人文等等都需要學習。羅德里格斯說：「不學的話，做出來的食物沒有靈魂。」傳統的農場是三位一體：玉米、豆類、南瓜，這三種作物一起滋養著土壤，防止水分在乾燥的空氣中流失。辣椒曬乾與醃製後的名稱也不一樣。另外，有些食材隱藏在其他的食材之中，例如馬米果種子裡的籽，是用來製作 tejate 飲料（雷澤比在瓦哈卡市場中喝過的哥倫布時代前的飲料）。每次有新口味出現時，我們的旅程就像爵士樂的即興創作一樣，臨時繞路去考察。這種黃橙色的球狀物是什麼？有人告訴他們，那叫 nispero，亦即西班牙語的枇杷。

「那個字怎麼拼？」雷澤比問道，並且咬了一口。「Nispero，這種水果真神奇。」吃起來酸酸的，像金桔，不知怎的，從中國傳到了墨西哥。「這是只吃水果，不吃葉子嗎？」

這時弗雷柏插話了：「瓦哈卡的高級餐廳裡有食物風乾機嗎？我們可以去籽、烘乾，把它變成世界上最棒的果乾。」

所有的水果，所有的辣椒，所有的堅果，所有的香草。

你可以單獨去瞭解它們，但即使是接觸墨西哥身分的表象，即使是假裝瞭解，你也必須製作莫蕾。這一切歸結到底都是莫蕾，除非融會貫通莫蕾的一切，否則你不可能得到任何的啟發。雷澤比尚未達到那個境界，他正在慢慢地接近。他就像和尚那樣，坐著等待開悟。前一天晚上，Noma 團隊才接受另一位傳統莫蕾大師西莉亞·弗洛里安（Celia Florian）的指導。他們品嚐了八種莫蕾，其中七種是老莫蕾，另一種是以飛螞蟻（chicatana ants）為基底的昆蟲莫蕾。「從綠莫蕾到黑莫蕾，再到介於兩者之間的一切。」雷澤比說。他的聲音中帶有一絲疲憊——也許腸胃不適又發作了。感覺他們品嚐這些莫蕾並未得出任何結論，只是走馬看花，就像看著一輛經典的福斯野馬（Mustang），卻沒有機會開著它去兜風。「我們有一些想法，」他說，「當然我們會做。」**我們會做自己的版本**。這時，賀南德絲自信地以西班牙語對雷澤比強調：「你想知道的一切，**我都知道**。」

他們會從頭自己做起。小黑椒（Chile chilhuacle negro）與安丘辣椒本來就是黑的，但它們得變得更黑一點。辣椒是放在烤盤上燒烤，把它們燒得像毫無星星的夜空一樣漆黑。「更焦黑，」雷澤比試圖掌握辣椒燒烤的漆黑度時，有人以西班牙語這樣告訴他，「比這個還要焦黑。」大家開了一瓶梅斯卡爾酒來喝，彷彿不喝酒解愁，就無法突破冥界的黑暗深處似的。梅斯卡爾酒就像一把液體的鑰匙，打開了我們內心幽暗地窖的大門。

賀南德絲捧著一甕東西——一甕莫蕾基底，由芝麻、杏仁、乾果、大蒜、洋蔥、百里香、奧勒岡葉、香蕉、肉桂、巧克力、豬油、酪梨葉混合而成。雷澤比說：「這太瘋狂了。」他不禁問道：有多少東西是必要的，又有多少東西其實只是死守著傳統不放？墨西哥各地的年輕廚師——墨西哥城 Sud777 餐廳的愛德格・努涅斯（Edgar Núñez）、墨西哥城 Quintonil 餐廳的霍給・瓦列霍（Jorge Vallejo）、瓜達拉哈拉市[75]（Guadalajara）Alcalde 餐廳的法蘭西斯科・盧亞諾（Francisco Ruano）、普埃布拉[76]（Puebla）Augurio 餐廳的安吉爾・巴斯克斯（Ángel Vázquez）——是拿傳統食譜做混搭，把莫蕾帶往各種新方

75 編注：墨西哥第二大城。

76 編注：位於墨西哥城東邊，建立於十六世紀的歷史古城。

向。Noma團隊可以嘗試做類似的事嗎？對高橋惇一來說，這種口味豐富的醬料很難做。

「我嚐不出那是什麼，」他告訴我，「它們都混在一起，就像一種新的味道。」

在露天的廚房裡，我們被五顏六色的醬汁圍繞著：螢光粉、青黑色、棕黑色、仙人掌綠，這些都是製作中的莫蕾。雷澤比剝開可可豆莢，和Noma夥伴輪流在石板上磨著可可。使用石板需要跪著才能施力。擀碎食材的石棍，必須以一個特別的研磨角度向前移動，才能擀出灰質的生巧克力團，那是很辛苦的工作。Noma成員那樣做時，擀出的東西並不多。輪到羅德里格斯使用石板時，他一次又一次用石棍猛烈地捶打膏狀的可可。

「現在我們都看過你性愛的表情了，」雷澤比對他說，「你知道，對吧？」

「太好了！」羅德里格斯嘆口氣說。看著那一小陀可可，大約只有青蛙那麼大，「我們有一百克了。」

「我們可以做兩人份的巧克力慕斯。」雷澤比開玩笑說，「你能想像我們供應這個嗎？自製巧克力？」為了供應足夠的份量給客人，廚房裡的男男女女都必須日夜不停地磨巧克力，那比Noma日本餐廳供應蛤蜊還糟。（Noma日本餐廳有一道菜是蛤蜊塔，塔上覆蓋著以蛤蜊肉排成的白浪。廚房裡的工作人員必須花好幾個小時撬開淡水蛤蜊。弗雷柏說：「每一盤所付出的勞力太多了。為了那道菜，我們動用了一個十人小組。早上做四個小時，晚上做四個小時。」他們只做一件事：撬開蛤蜊。）雷澤比提出上述建議時，我看到不止一位 Noma 廚師明顯倒抽了一口氣，他們心裡肯定在想：「他要是真的那樣搞，我一點也不意外。」

製作莫蕾一點也不簡單，高橋說：「來這裡之前，我對莫蕾一無所知。」也許最難以捉摸、最複雜、最令人滿意的莫蕾是黑莫蕾。它需要七種辣椒，而且正常情況下，需要跟著賀南德絲學上好幾週。她虔誠地說：「這代表墨西哥。」那是巔峰，是莫蕾界的暗黑大老。歐洲人敢在傳統形式上超越黑莫蕾嗎？「你做不出來，」雷澤比說，「你只需做出新的組合——試著想像一種美味的的新口感。這和在日本的問題一樣，一旦你開始實驗一些有深厚傳統的東西，很快就會顯得很愚蠢。你會做出**莫蕾泡沫**，只是為了**做點什麼**。」他搖了搖頭，表示他希望自己不要蠢到做出那種事。

⚜

那些風味必須融合。

搭在一起，結合起來。

雷澤比認為莫蕾也該如此。他在 Mi Tierra Linda 的一面牆上簽名，拍照留念，並向賀南德絲和她的工作人員道別。Noma 團隊還有很多地方需要造訪，其中一些地方是去尋找陶器與餐具，以便盛裝每一道 Noma 墨西哥菜上桌。我們順便造訪了附近一家店，雷澤比的失望之情溢於言表。「這根本不是我喜歡的東西，」他一邊打量各種器皿，一邊說，「這些器皿太閃亮了，感覺像購物中心賣的，藝術感不夠。我不喜歡太刺眼的東西。」上車後，他坦承自己渾身發冷，冒冷汗，骨頭與關節都發疼。他感到虛弱，吃得太多。他想跳過晚餐不吃了。他問大家：「我們一起迅速歸納一下今天的成果好嗎？」雷聲轟隆隆作響，「你們有誰肚子咕嚕咕嚕叫嗎？」

以下是麵包車內的對話。

雷澤比：我覺得綠莫蕾就像綠莎莎醬，醬汁裡有很多原料。【把它們和香米搭配在一起，閉上眼睛，你可能會把一些綠莫蕾誤認成咖哩。】我覺得黑莫蕾才是重點所在。

弗雷柏：我們可以提供很特別的莫蕾，我們的水田芥泥幾乎就是一種莫蕾了。

雷澤比：那是莫蕾。

弗雷柏：我跟瑟柏與高橋說，昆蟲莫蕾很特別。【要慢慢熬煮，煮上好幾天。】

雷澤比：我認為以烤焦的椰子作為一種脂肪很有趣。【他想到黑莫蕾，它的焦黑，入喉的口感有如火山灰。】

瑟柏：焦味很明顯。

雷澤比：焦味確實有點重，雖然你想要辣椒的味道。【他開始明白一件事，奧爾韋拉在Pujol餐廳提供的老莫蕾令他驚艷，可能使他暫時陷入麻木，但現在他又放鬆了。】參觀這裡後，我感覺放心多了。你了解莫蕾是什麼——它有很多版本，你可以做很多事情。食材混得好不好，操之在你。【綠莫蕾可以用香草製作嗎？可以用葉子製作嗎？顏色可能來自出乎意料的來源嗎？】如果我們可以把它做得很滑順……【像法式梭子魚丸（pike quenelle）[77]的卡士達墨西哥粽。以玉米做成的義式奶酪。以冰涼的豆薯條做成法式生菜沙拉。仙人掌果的果肉。但回頭談正題——現在是集中注意力的時候。】黑莫蕾，好。黑莫蕾那麼濃稠時，還適合加松露嗎？

桑切斯：也許不適合。【桑切斯通常等到時機成熟才開口，但她對口味的洞見總是恰到好處。】

雷澤比：也許不適合。

77 譯注：又譯可內樂，法國里昂地區名菜，由魚與肉混合成蛋狀，多使用整隻當地生產的多刺河魚做成。

弗雷柏：他們可能會相互抵消。【不過，加了松露與黑莫蕾的玉米餅……】

桑切斯：你要把烤焦的椰子放在哪裡？

雷澤比：我還沒吃過。

但他的心裡已經有一個主意。他喜歡了解事情，也許他喜歡用那種方式掌控事情，

而現在他的了解開始聚焦了。

「我再也不怕莫蕾了。」他說。

梅里達

我的飛機一降落在梅里達，我就知道出事了，我感覺得出來。我一直渴望回到這座城市，重溫它那搖搖欲墜的後殖民之美。我還記得二〇一四年，我和雷澤比在這裡共進早餐的經驗：在藍屋（Casa Azul）的院子裡享用烤豬肉薄餅（cochinita pibil）。那家餐廳是由一座廢棄的莊園改建而成，整修後已恢復昔日榮光。這次我無法在藍屋訂到房間，那間可愛的民宿已經客滿了，所以我上 Expedia 訂了一間便宜的旅館。一出機場，我把旅館名稱與地址告訴計程車司機：拉萬達旅館（Boutique Mansion Lavanda）。計程車開始在交通高峰時段緩慢地朝城市駛去。途中，我的手機快沒電了。計程車在旅館的旁邊停下來時，我的手機大概只剩五分鐘的電力。司機小聲地向我道歉，說旅館關了。他的意思是，至少目前看來，它似乎不存在了。整棟大樓被黃色的膠帶封起來，有如犯罪現場。

顯然，這棟建築已經不能使用了，而且毫無解釋，毫無預警，毫無退款，這下子我沒地方住了。

多虧勞倫的幫忙，我好不容易才找到空房。那天市區好像在舉行某場大會，所以一房難求。我節省地使用手機僅剩的一點電力，彷彿那是沙漠中所剩不多的飲用水。我請司機先等我一下，並請身在紐約的勞倫上網逐區搜尋梅里達哪裡還有空房，後來她終於在一棟企業大樓中找到最後一間空房，但價格遠超出我的預算。她在我手機沒電的前幾秒，幫我訂下了那間房間。如今回想起來，我應該把那件事當成這趟旅程的不祥預兆。

我在 La Rosita 餐廳與雷澤比以及 Noma 團隊會合，這家餐廳就在 Los Taquitos de PM 餐廳的對面。Los Taquitos de PM 就是多年前，讓雷澤比的人生徹底轉彎的那家餐廳。當下我馬上察覺到現場氣氛不太對勁。雷澤比的眼神帶著憂鬱，彷彿快速移動的烏雲。索利斯與他同桌，這本來應該是一個值得乾杯慶祝的場合——多年前，雷澤比第一次吃墨西哥烤肉餅，使他從此愛上墨西哥——現在卻感覺像提早舉行的守靈會。

「我們的主要合作夥伴抽腿了。」雷澤比說。

「你什麼時候知道的？」索利斯問道。

「兩天前，」雷澤比說，「這是非常非常非常非常大的危機。」財力雄厚的贊助者退出後，Noma 墨西哥快閃店的預算，現在至少出現六十萬美元的赤字。約一週前，川普當選美國總統，那位富有的贊助者在這場亂局中臨陣退縮，他原本承諾贊助一百萬美元。

雷澤比繼續說道：「經營 Noma 十三年來，我不曾像現在這樣壓力那麼大。」Noma 團隊本來打算在幾天後正式宣布土倫快閃餐廳的消息。《紐約時報》的特賈．拉歐（Tejal Rao）已經準備好要發新聞稿了，但 Noma 墨西哥的網站尚未上線。現在雷澤比不知道他有沒有足夠的錢撐起這次活動，但現在想再找另一個贊助者已經太遲了。「如果提高價格，座位可能會賣不出去，」他說，「我們都很緊張。」一個價位開始浮現，但雷澤比不喜歡那個數字。他知道大家會怎麼看待那個數字——單純從數字來衡量。那個價位是每人六百美元，一份晚餐，而且在墨西哥。他說：「那個價格只夠損益兩平。」我看著他開始吃東西紓壓——卯起來吃炸玉米餅（panuchos），彷彿在吃花生米一樣。他說：「我已經吃了九個，我餓死了。」

他的手指做出敲打邦戈鼓[78]的手勢。「你有菸嗎？」他問道。

「沒有。」索利斯說。

「當然，計畫可以延後。」雷澤比喃喃自語道，「這是我第一次知道壓力是什麼感覺。」

78 編注：又譯曼波鼓，源於拉丁美洲的一種打擊樂器。

我們籌備這個計畫已經半年了，不能就此放棄。」

⚜

翌日，我從我住的那棟企業大樓，走到 Noma 偵察小隊住的小旅館。我抵達時，看到雷澤比吊在樹上——更明確地說，他和弗雷柏找到一種方法，把體操運動員的掛環掛在旅館前方草坪的樹枝上，雷澤比正在用掛環做引體向上的動作。他精力充沛地完成健身慣例，接著大步走到戶外一張桌邊享用早餐。他盡情地談論他與夥伴的墨西哥之旅，「我們去一個小鎮，那裡的人說：『如果你在這裡拍照，大家可能會殺了你。』」他回憶道。「這裡的葡萄柚比任何地方的都好吃。」他說：「現在我感覺很棒，做完運動，享用雞蛋與培根，看到陽光普照。現在，如果有人給我一張一百萬美元的支票，那就是完美的早晨了。」

約莫這裡的午餐時間，拉歐的報導將會登上《紐約時報》的網站。「實在太焦慮了，」雷澤比說，「我們需要找個地方拍些照片。」不知怎的，Noma 墨西哥網站正準備上線，「對，他們整晚沒睡。」他說，「那個網站上說：『你喜歡吃塔可嗎?來信報名。』」

「極簡風格。」羅德里格斯說。

雷澤比突然目不轉睛地盯著早餐說：「你們看那個水果，那是火龍果嗎？」

就像我訂的旅館莫名其妙關門一樣，失去一位百萬美元的贊助者，只是我這次造訪梅里達遇到的意外之一。另一個意外是：雷澤比、桑切斯和他們的夥伴打算辦一次餐宴，某種程度上算是 Noma 墨西哥餐廳的預演。美國媒體還沒收到這次餐宴的通知，這次餐會將在 Nectar 餐廳舉行——那是索利斯的餐廳，他仍堅持在這個似乎沒有夠多客人捧場的城市裡，提供開創性的特色套餐。餐宴正式推出前，大部分的時間都會用來尋覓最好的食材。羅德里格斯說：「他們說：『你要幫我們找到墨西哥最好的食材。』」他必須再次扛起這個重責大任，「好吧，我也不知道什麼是最好的，但你會發現，用心做出來的東西就是最好的食材。」要找到最好的食材，你必須先瞭解最好的食材，例如活跳跳的蝦子、剛摘採的酪梨。

眼前的挑戰不單只是找到最好的食材而已，還要找到穩定供應的貨源——持續數週的批量供應。隨著 Noma 在墨西哥開快閃餐廳的消息即將在網上瘋傳，雷澤比似乎同時因應著好幾個想像的問題。他想像有人會批評定價太高，也想像萬一幾個月後，那些最佳食材卡在三百英里外的運送途中腐爛，導致一套要價六百美元的精緻大餐開始走樣，有人會因此提出質疑。他與團隊明顯處於緊張狀態，他們一行人來到了梅里達的某個組織。那個組織的目的，是為了支持及保護整個猶加敦半島的馬雅農民與手藝工作者。我們走進那個辦公室時，看到一張大桌子上擺著許多農作物與商品：辣椒、蘿蔔、香草，還有紅色、紫色、橙色的玉米，在地手工海鹽 espuma de sal，一種含水量高、有著香草味的深色蜂蜜，馬雅人把那種蜂蜜當成藥材。「這是黑蜂採的，對吧？」雷澤比一邊說，一邊品嚐一滴蜂蜜。「真是太棒了。」他聞了一下胡椒粒，那些胡椒粒散發著類似丁香的香氣。他以熱情但直率有力的語氣對那個組織的人說話。

「我們在土倫附近找了一個叢林地帶，打算在那裡設立一家餐廳。」他告訴他們，「事實上，約莫十分鐘後，《紐約時報》就會宣布這個消息。我們將在兩個月內，為五千名客人供餐。所以，我們會突然需要很多食材。」他停頓了一下，接著繼續說，「如果我們想要這些東西，我們能拿到很多嗎？我們會有將近九十人進駐這裡，展開新生活。之前我們四處收集靈感時，其實已經去過很多地方。我們努力找尋食材，激發烹飪的靈感。我們正在尋找這樣的東西，希望這些食材不僅啟發我們，也啟發墨西哥人。假設我們想在兩個月內得到八千顆雞蛋。」他指著一束乾燥的青草（那是野生的奧勒岡葉），「如果我們需要十萬株這個呢？」

他獲得了必要的保證。組織的人告訴他，大約有三百五十個馬雅家庭可以提供那些東西。Noma 墨西哥餐廳將會把收到的大部分資金挹注到這個社群，這個自給自足的農場網絡。但是，雷澤比要如何向媒體解釋這點，又不會顯得 Noma 好像是在施捨當地社群呢？這有什麼比較適切的表達方式嗎？社群媒體上的酸民可以針對你的發言做出各種攻擊。即使你做的是正確的事情，還是會有人在推特上伺機埋伏。

雷澤比品嚐蜂蜜時，《紐約時報》的報導上線了。當時他跟我講了一個故事，他說他有一次生病，把一匙左右的馬雅蜂蜜和萊姆汁混在一起喝下去，病就好了。

我看了一下手機，看到那篇報導的連結，我告訴他。

「所以新聞已經發了。」他說，「現在只能祈求一切順利。」他拿起一個玩具，那是一隻柳條編織的海龜。

「想像一下，」他說，「我們需要五千個這種東西。」

那天剩餘的時間裡，雷澤比給我的感覺，好像是處於崩潰邊緣。

我從未見過他這樣，他一向給我一種泰然自若的感覺。他的思緒似乎總是比別人超前三步，或甚至好幾年。說他喜歡掌控感，可能還太輕描淡寫了。某種程度上，所有的廚師都是控制狂，對指令一絲不苟，對不小心的偏差感到憤怒。雷澤比要是沒有近乎狂熱的控制欲，是不可能把Noma從一家默默無聞的餐廳，變成世界上最棒的餐廳。但顯然，他也喜歡玩弄控制——他喜歡測試它，就像小孩子學習掌握旋轉陀螺或溜溜球那樣。日本、澳洲、墨西哥的快閃餐廳就是一例。他喜歡顛覆整個 Noma 太陽系，再忙著把太陽系裡的星球都抓回來重新排列。

但這次，雷澤比無法確定他能否恢復軌道的運作，這番領悟完全寫在他的臉上。去市場的路上，他喃喃地說到 Noma 墨西哥餐廳的服務員該穿什麼。「我不想看到一群很白的北歐人，穿著墨西哥服裝像馬戲團演員一樣。」他似乎在分析每個姿態的表象，但他也擔心，一個錯誤舉動就足以毀了全部的心血。他與 Noma 團隊就像《不可能的任務》（*Mission: Impossible*）中的特務那樣，探索梅里達市場。停止擔憂的最好方法，就是直接開工——下廚烹飪。

「現在我們先挑選我們想要的食材，」他說，「我們想要什麼？」

「我們想要南瓜嗎？」瑟柏問道。

「要。」雷澤比說，「南瓜，還有嚐起來像佛手柑的萊姆。我們看一下海膽怎樣，它們進來的時候，如果它們會來的話。我們要做塔可嗎？」顯然，明天 Noma 餐宴的菜單還沒有擬好。

桑切斯說：「也許可以用章魚。」

「我們有來自納亞里特（Nayarit）[79]的蛤蜊。」羅德里格斯說。

「蛤蜊，」雷澤比說，「可以搭配白豆。」

他們正在臨時規劃晚餐。「這是臨時起意，」雷澤比告訴我，「有時臨時起意也不錯。」他是想要說服自己嗎？他找了一個座位，寫下菜色的順序：

扇貝莫蕾

蛤蜊與豆子

酪梨玉米粽

海膽

「好。」他說，「我們來寫菜單吧，從哪裡開始寫起呢？我的意思是，我們也不知

79 編注：墨西哥的三十一州之一，位於墨西哥中部西邊的太平洋海岸。

道這樣做會不會成功，這只是一個計畫，到時候再看情況。我們看到時候海膽會不會來、好不好吃。」

其實他的心思不在菜單上，那個菜單到時候會自己生出來。現在他的心思在他的手指上，他的手指正在玩弄手機，手機收不到清晰的訊號，馬雅這一帶的收訊不太穩。

我提到我剛剛收到的一封新聞郵件。那封郵件說：「茲卡病毒（Zika virus）不再是全球緊急事件。」這是雷澤比日益關切的另一個問題。茲卡病毒一直在加勒比海地區肆虐，這種病毒透過蚊子傳播，與該區新生兒可怕的先天缺陷有關。Noma 的許多員工正處於生育的黃金時期，說服他們冒險進入這種危險地區工作，是一種道德風險，沒有人願意淌這個渾水。「我一直在關注茲卡病毒的警訊，」他鬆了一口氣地說，「我實在很擔心。」

不過，此時此刻，他更擔心大家對 Noma 墨西哥快閃餐廳的反應。拜《紐約時報》所賜，Noma 墨西哥餐廳的新聞在推特上引發關注，偏偏他現在連不上去。Noma 墨西哥的網站慢到看不出任何動靜，是價格令人望之卻步嗎？大家對茲卡病毒的擔憂，會不會導致訂位冷清？雷澤比聽到一些來自家鄉哥本哈根的消息。相較之下，Noma 澳洲餐廳在消息一傳出後，隨即預訂一空，而且候補名單長達數千人。至於 Noma 墨西哥餐廳，目前預約的流量只有涓涓細流……

「這次不成功的話，Noma 會破產。」雷澤比告訴我。他關閉丹麥的 Noma 已經承擔了巨大的風險。「我非常非常非常緊張，這是 Noma 首度面臨救亡圖存的一年。這些事情都很棒，我們只是沒有足夠的錢來做所有的事情。」他又看了一下手機，他想知道有多少人連上 Noma 墨西哥網站。

「少很多。」他喃喃地說，「真是令人擔心，沒人來預約。」

雪梨快閃餐廳當初一宣布消息時，吸引了多少人？

他說：「好幾千人。」

有些日子，感覺做什麼都不順。遇到這種時候，似乎只能靠一堆墨西哥烤肉餅來解憂。雷澤比和他的團隊圍坐在梅里達市場邊緣的一張桌子邊，等待著滿盤的墨西哥點心上桌。當初雷澤比就是因為吃了那些點心，才開啟了對墨西哥的愛。但是火燒不起來，就在幾碼外，那根旋轉的垂直烤肉叉（trompo）故障了。「我覺得烤肉叉壞了，」雷澤比歎了口氣說，「我們只能吃生肉了。」

索利斯的手機似乎收訊沒問題，他開心地說他在網路上發現一則有關 Noma 墨西哥餐廳的訊息。

「不要轉發。」雷澤比說，「他們會取笑我們，問題都跟價格有關。」

雷澤比的脾氣變得暴躁，神經末梢像一百個隱形汽車警報器那樣嘎嘎作響，現在任何東西都可能激怒他。他看到一個母親在市場外大打女兒。

他喃喃地說：「我小時候經常挨打，實在無法想像這樣對待我自己的孩子。」他看了一下團隊，淡淡地說，「走吧！」他們走進市場擁擠的走道，走進人群中。他多常在這種充滿各種氣味的迷宮中搜尋食材？他開始下指令：「兩公斤魚子醬。」他在開玩笑。但他確實想要那個萊姆，那個聞起來像佛手柑的萊姆。他又檢查了一下電子郵件，美食作家傑伊．切雪斯（Jay Cheshes）已經想為《華爾街日報》寫文章了。雷澤比又檢查了一次Noma網站，大約兩百人預約了。一陣幻覺般的痛苦朝他襲來，他看起來突然像是老了十歲。他把一個又一個萊姆抓起來聞，他需要聞起來像伯爵茶的萊姆，那在哪裡？他就像《白鯨記》裡的亞哈（Ahab），他想追捕的大白鯨就是有佛手柑氣味的萊姆，那要去哪裡找呢？

「靠運氣吧。」他說。

他們迅速趕往一所烹飪學校的廚房，去測試各種風味的組合。不久，那個廚房變成了充滿催淚瓦斯的房間。桑切斯正在為黑莫蕾烤辣椒，刺鼻的熱氣開始衝著我們的眼睛與肺臟而來，但她並沒有因此停手。她的手機播放著滾石樂團的〈Wild Horses〉，她說：「太弱了。」並把音樂切換成〈Paint It Black〉。

黑色籠罩著整個製作流程。Noma 人員彷彿和一群沉默的太空人合作，他們只有幾分鐘的時間，從一個從未探索過的星球上採集土壤樣本。Noma 哥本哈根的人已經就寢了，所以雷澤比只能耐心等待下一輪的最新消息。「哥本哈根的人都睡了，這真的很煩。」他說，「我們等著看後續發展吧，希望大眾不會痛批我們。我也希望定價可以設在兩百五十美元，我們的夢想是獲得政府幫忙。」目前有一個計畫是讓九十人團進團出丹麥與墨西哥之間，但是光旅費就高達數十萬美元。Noma 將在土倫市區租下整棟公寓大樓。國際匯率不斷變動，美國大選似乎把一切搞得一團糟。雷澤比說：「每一次美元貶值，我們的收入就縮水。我需要再抽一根菸，壓力好大。」他與弗雷柏一起走出廚房。

「大家只會討論這餐太貴嗎？」他問道。

「不會的。」弗雷柏說。

「我很擔心。」雷澤比繼續說，「我們在墨西哥遇到太多挫折了，在這裡開快閃餐廳遠比其他地方困難。」他腦中開始自我懷疑起來。他們當初應該選瓦哈卡而不是土倫嗎？瓦哈卡因罷工與抗議而陷入癱瘓。他說：「我們到那裡的前一週，根本無法進入瓦哈卡。」如果他們當初是選在瓦哈卡，推出一人六百美元的快閃餐廳，結果卻發現那個城市因政治衝突而封閉，那該怎麼辦？

黑色有如一場流動的盛宴。他們把做好的菜餚帶到 Nectar 餐廳。他們已經預訂在那裡品嚐索利斯與他的廚房人員烹飪的特色套餐。Nectar 餐廳的招牌菜是外層烤到有如黑炭的洋蔥。咬下洋蔥會感覺到，煙燻味、甜味、奶油味在嘴裡炸了開來，洋蔥裡面塞了一坨蛋黃醬。如此美味的碳烤洋蔥，我吃了好幾顆，雷澤比卻連一個也吃不完。「我，好像，沒有胃口。」他說。

特色套餐吃到一半，他清了清嗓子，請大家聽他說幾句話。「好吧，各位，」他以沮喪的口吻說，「我需要跟你們談談，因為我現在有點沮喪。」他提到網路上的反應——社群媒體上的訊息有如挑釁的黃蜂，你越想趕牠們走，只會把自己搞得越火大。「我們受到很多批評，真的很多，所以我想知道你們的想法。這件事究竟讓我們看起來有多愚蠢？」

瑟柏說：「我想，如果大家知道為什麼那麼貴，他們會明白的。」

雷澤比說：「當然，我會實話實說。」但傷害已經造成了嗎？「我想，我需要你們告訴我的是，**我們真的搞砸了嗎？**」

雷澤比與他的團隊有個特點，只要他們不理會外在的雜訊，把焦點回歸到食物上，一切自然就會水到渠成，和諧地融合在一起。這種「一切水到渠成的時刻」不止創造出顧客喜愛的菜色而已，也開啟了認知突破的大門。所以，雷澤比在梅里達開始恢復平衡的同時，桑切斯也突然靈光乍現，想出兩種醬汁。這是一種非常重要的莫蕾見解，它向每個嚐過莫蕾的人證實，搞砸莫蕾是可以避免的，事實上，即使莫蕾搞砸了，它還是可以轉化成一種既新又舊、既怪異又美好的東西。在Nectar餐廳的廚房裡，就在晚宴開始的幾小時前，桑切斯把她前一天製作的黑莫蕾，和他們從哥本哈根的Noma帶來的焦糖色扇貝糊混合在一起。

結果令人驚艷，是一種出其不意的味蕾享受。

雷澤比以抹刀品嚐時，嚐一口就愣住了，他說：「我覺得這太神奇了，非常特別。天啊，天啊，天啊！這是兩地的完美結合，也許這就是我們為Noma墨西哥提供的一道菜。」他與桑切斯及弗雷柏擊掌。我難以判斷是不是空氣中辣椒的辣味使他的眼眶濕了，「這鍋莫蕾簡直是傑作。」

美食確實有幫助，待在廚房裡有幫助，有一群才華橫溢的夥伴在身邊也有幫助。雷澤比說：「對於這次的經歷，我今天平靜多了。如果這次的座位無法售罄，那也沒關係，我們會想出不同的方案，這就是我們做事的方式。但我確實覺得，座位會售罄。」只要你等得夠久，推特上的酸言酸語終究會消失。「坦白講，那讓我覺得那些人很蠢。」他說，「媒體是可怕的野獸，就像一個憤怒的主廚。」

索利斯一直站在局外旁觀這整件事情的發展。他的淡然處世風格，似乎讓雷澤比感到既放鬆又惱怒。雷澤比的丹麥特質使他希望一切井然有序，但索利斯對世界——尤其對墨西哥——的理解是，他知道一切井然有序是不可能的。至於推特上掀起的價格爭論呢？

「我之前就知道這種事情會發生。」索利斯以莫可奈何的淡定口吻說。為什麼呢？

「因為墨西哥是個窮國。」他說。你要怎麼教一個北歐人適應墨西哥這種隨波逐流、順其自然的節奏？那需要花點時間。這是一種過程，我們很難說究竟是雷澤比試圖為墨西哥帶來秩序，還是墨西哥試圖讓雷澤比順應它的步調。就在前一天，雷澤比才在電話裡斥責老友，說他沒有為 Nectar 的晚宴準備夠多的盤子。

索利斯說：「墨西哥就是這樣。你需要盤子，你就等盤子。盤子可能會來，也可能不會來。你有A計畫和B計畫，也有C計畫、D計畫、E計畫。甚至有Z計畫作為備援也不是什麼壞事。」

「一旦你明白這點，就可以笑看一切了。」索利斯說，「但你必須先吃點苦。」

Nectar 晚宴結束後，現場氣氛歡樂，有墨西哥樂團為賓客獻唱小夜曲。餐廳外停了一輛餐車，為想在派對結束後享用小點的人提供墨西哥烤肉餅。我沒料到我會在這種場合遇到那位「品牌人」。

早上我去 Noma 團隊的旅館時看到了他。他看起來比你想像的還酷，也就是說，他很清楚自己身為企業贊助大使的角色，所以言行舉止絲毫看不出半點惡形惡狀。從他的穿著打扮來看（新貴休閒風，襯衫沒扣扣子，身上有幾個雅緻的刺青），我本來以為他是新聞同業，或是某個加入雷澤比社交圈的年輕墨西哥廚師，只是我還不認識。不過，我聽他談話，就知道他是「品牌人」。他名叫阿方索（Alfonso），不會烹飪，也不會寫文章，另有意圖。我聽到他說：「如果我們對那點達成共識，就可以輕易把它賣給品牌。」我不知道他想讓 Noma 團隊答應什麼，但我從雷澤比的表情可以看出，思考那種協議似乎很痛苦。

雷澤比與團隊在早餐桌邊圍著那個品牌人。那個人代表一種新的前進方式——你也可以說，那是解決贊助者突然抽腿的方案。Noma 墨西哥餐廳不可能憑空出現，只能**實現**，就像裝置藝術或巡迴樂團那樣，需要資金的挹注才能成形。那個品牌人身為某大國際烈酒集團的使者，可以輕易讓那些失去的贊助金回補，甚至補得比原來的還多！但前提是，Noma 墨西哥餐廳可能得接納一些創意合作方案。

品牌人說：「我們想為這個品牌製作一些特殊產品。」那說法帶有一種誘人的模糊地帶，一種先試水溫的輕鬆感。那種雙贏的情境是什麼樣子？例如，Noma 墨西哥酒吧供應一種招牌雞尾酒，使用該集團銷量最好的龍舌蘭酒。Noma 的飲料大師麥茲・克萊佩（Mads Kleppe），這幾個月一直在全墨西哥尋找最罕見、最怪異、最神祕的手工梅斯卡爾酒。如果你要他調一杯草莓瑪格麗塔（strawberry margarita）[80]來安撫某家企業贊助商，我可以想像他的眼神及厭世的表情。你就繼續作夢吧，乾脆拍一支贊助影片好了。

---

80 編注：使用新鮮草莓、龍舌蘭、柳橙蒸餾酒和檸檬汁調的雞尾酒。

我在桌邊抓了一張椅子坐下來，默默地想像以實際的烙鐵，在Noma墨西哥的小椰子烙印上公司的商標。但不可能，那個品牌人不是白癡，他知道不能做得太誇張，他顯然知道雷澤比在乎的重點是什麼。於是，一個想法出現了——也許企業可以資助一所學校。他說：「我們會在專案周邊設計許多活動。」這成了誘人的關鍵。你可以解決Noma的財務問題，同時為在地的社群做點好事，可以說是三贏。

然而，對雷澤比來說，這些安排都是很陌生的領域。

他說：「我坦白跟你說吧，」語氣慎重而平靜，「我不太喜歡跟品牌合作。」十三年來，Noma一直設法避免與企業有任何關係。可口可樂曾向Noma提出一個五十萬美元的提案：在Noma網站上展示兩、三道跟汽水有關的食譜就好。然而，汽水與Noma的精神根本天差地別，所以雷澤比拒絕了，而且當時Noma急需現金。

「我們因為沒有贊助商，不得不收取一人六百美元的價格。」雷澤比繼續說，「誰曉得跟企業合作會發生什麼事，而且這種事情**一定會**出事。如果有什麼恰到好處的中庸之道，那就太神奇了。贊助學校這種事真是他媽的噁心。」

品牌人察覺到接受度的問題。「我們只是想讓事情進行下去。沒有品牌贊助，我們就無法幫助學校。有了品牌贊助，我們可以幫助十所學校。品牌有資金，而且，不管我們喜不喜歡，它們都會繼續存在這個世界上。我現在有點暈頭了。」他笑了笑，讓所有的可能性像塵埃一樣飄浮在空中。

雷澤比的頭也暈了，只是原因不同。那晚在 Nectar 餐廳的晚宴，後來玩得有點瘋，他喝了好幾杯梅斯卡爾酒，喝到醉了。這很罕見，我在他身邊時，多數時候他只是禮貌性地舉杯啜飲一下，喝得不多。除了偶爾啜飲一小口以外，他似乎也不太喜歡喝酒。儘管不難推測，但他不愛喝酒，大概是因為他不想放棄自我掌控權。

「今天我的運動是起床。」羅德里格斯說。

「昨晚喝得那麼兇，我們什麼時候才能恢復過來？」雷澤比說。他們上了一輛麵包車，出發前往叢林。「我不得不說，宿醉的感覺很糟，有人有阿斯匹靈嗎？」雷澤比畢竟是雷澤比，他指出真正的阿斯匹靈來自樹皮，「我們是出來尋覓食材的。」

整台麵包車安靜了下來，大家默默地用指尖按著太陽穴。有許多事情需要考量，許多問題需要解決（例如使命的目的、與目標不同的組織結盟），許多挑戰需要克服（讓人覺得他們做的事情是向墨西哥的人民與文化致敬，而不是耍新殖民主義的花招）。

泰居・柯爾（Teju Cole）的犀利文章〈白人救世主工業情結〉（The White-Savior Industrial Complex），一舉道盡了意圖的問題。那篇文章雖然是談非洲，但同樣的道理也適用於墨西哥與整個加勒比海地區：

> 我們常看到白人把非洲幻想成「征服」與「英雄主義」的背景。從殖民專案到《遠離非洲》（*Out of Africa*），再到《疑雲殺機》（*The Constant Gardener*）與《科尼二〇一二》（*Kony 2012*），非洲為白人提供了一個方便投射自我的空間。那是一個無拘無束的空間，一般常規並不適用：一個來自美國或歐洲的無名小卒可以去非洲，變成神一般的救世主，或至少滿足他的情感需求。許多人打著「發揮影響力」的旗幟這麼做。

的確，人們渴望做正確的事，發揮影響力，但在二〇一六與二〇一七年的政治局勢中，所謂「做正確的事」，定義一直在變。也許他們有必要重新連結一些重要的東西——記住這個 Noma 墨西哥專案當初是為了達成及頌揚什麼。雷澤比與夥伴這一趟出發，很幸運地品嚐到一頓美味佳餚，他後來形容那是他這輩子吃過最美味的三頓飯之一（另外兩頓分別是他父親與妻子做的。按喜歡程度排名的話，那頓飯排第三，父親做的排第二，妻子做的排第一。）當時我們正沿著一條泥土路駛向亞舒納（Yaxunah）[81]。比較籠統的說法是，我們正前往一個地洞。

當然，雷澤比對墨西哥食物的「瑪德蓮時刻」（madeleine moment）[82]，早在幾年前就發生了：索利斯在深夜帶他去街頭吃的墨西哥烤肉餅（tacos al pastor）。如果墨西哥烤肉餅有如滾石樂團的〈Jumpin' Jack Flash〉，是一種縱情口欲的享受，那麼，墨西哥慢烤豬肉（cochinita pibil）[83]則是提供更深、更強烈的東西，像滾石樂團的經典歌曲〈Exile on Main St.〉那樣散發出泥土的氣味。這不是比喻，畢竟，還有什麼比一頭埋在土裡慢烤的野豬，更接近土地豐饒氣息的東西？（豬肉是埋在一個洞裡烤，裹著香蕉葉，散發著酸橙的香味，那酸橙也是從同樣的土壤中生長出來的。）戴安娜．甘迺迪在二〇〇〇年出版的著作《墨西哥家常菜》（*The Essential Cuisines of Mexico*）中寫道：「在馬雅語中，pib 是指猶加敦半島的傳統烤箱或土窯，如今村莊依然使用。」

81 編注：位於猶加敦半島中央位置的馬雅古城。
82 譯注：一種透過觸覺、嗅覺、味覺等所觸發的思念。
83 譯注：來自猶加敦半島的傳統墨西哥慢烤豬肉，傳統作法是以柑橘汁醃肉，加入胭脂樹紅，讓肉呈現亮橘色，再把肉裹在香蕉葉裡，埋在地下燜烤。

那是挖一個約六十公分深的長方形坑洞，底部排著大石頭，以木頭把石頭燒熱。等餘燼熄滅、石頭夠熱時（只有專家憑本能知道這點），就可以煮肉了——豬肉、火雞、或穆比雞肉（Muk-bil Pollo）[84]之類的肉派。肉是包在幾層香蕉葉裡，放在金屬容器中，上面壓著袋子與泥土。烹飪要花好幾個小時。用這種方法烹煮出來的肉類具有非常特別的風味，而且鮮嫩多汁。

我們不需要為了這種鮮嫩多汁的美味等候多時。車子開到村莊的路程夠長，我們正好趕上肉慢慢燜熟的時候。麵包車接近亞舒納時，羅德里格斯宣布：「他們說小豬（cochinita）[85]已經好了。」亞舒納的住屋都是茅草屋頂，窗台可以看到蜥蜴靜止不動（後來一溜煙就不見了），野火雞在院子裡大搖大擺地走來走去。雷澤比說：「許多馬雅村莊禁酒，因為喝酒容易發酒瘋。」一整個上午飽受宿醉之苦後，也許這是有感而發。想要消除宿醉，可能沒有比去亞舒納一趟更有效的方法了。這裡的男人戴著草帽，

84 編注：墨西哥慶祝逝去親友的亡靈節傳統料理之一。作法是用玉米麵團製成圓形的麵皮容器，加入豬油、雞肉或豬肉，以及番茄、洋蔥、甜椒、醬汁等材料，用玉米麵皮密封再用香蕉葉包裹，埋在有著燒熱石頭的地洞中，燜烤而成的燉肉料理。

85 編注：墨西哥慢烤豬肉（cochinita pibil）的傳統作法是烤整隻乳豬，所以當地人還是習慣說「小豬」（cochinita），現在則多用切片或切塊的豬肉來烹調。

穿著白衣；女人把紅花插在髮上，繡在衣上。婦女坐在地上把玉米麵團壓成玉米餅，男人站在旁邊，跨在一個冒煙的坑上。

「豬在哪裡？」雷澤比問道。

「就在這裡。」索利斯說，指著一堆葉子蓋住的區域，煙從底下飄了上來。「別過來這裡。」

我們的周圍樹木林立，「你可以問一下這是哪種柑橘嗎？」雷澤比說，「那些葉子太棒了。」墨西哥烤豬肉這道菜從食材到佳餚的整個變化，就在我們的周圍回歸到原料的起點（傳統作法是以柑橘汁醃肉，加入胭脂樹紅），酸橙樹與胭脂樹紅都是近在咫尺的食材。

「他們等一下會打開那個洞。」雷澤比說。他講的好像是把擋在耶穌墳墓口的石頭移開似的，或許這樣講也不太離譜。他們開始用鏟子挖坑，清除泥土、毯子、樹葉和樹枝。接著，小心翼翼地拿出一個放在紅色餘燼上的大金屬鍋。他們打開鍋子，一股誘人又複雜的香味瀰漫在空氣中，像砂鍋菜或大醬湯（韓國特色料理）的香味一樣。那是一種融化的脂肪與肉所散發的香味，它們在燜烤時慢慢地融解，就像冰晶分裂岩石那樣。

「哦，這味道太香了。」雷澤比說，「問一下他們，這個香蕉葉有增添風味的效果嗎？」

他們把那鍋肉小心翼翼地端到女人身旁的一張桌子上，這時女人已經切換成烤玉米餅的模式。在許多馬雅村落及整個墨西哥，任務往往是按性別區隔的。玉米麵團製成玉米餅的過程中，這裡的男人都禁止觸摸麵團。女性才是專家，並因此獲得應有的尊重。女人把麵團放在烤爐上時，雷澤比站在爐邊，仔細端詳玉米餅形成的過程——在理想狀態下，玉米餅會膨脹，但世界上最棒的廚師似乎還無法參透那流程。一片玉米餅就像吸了餓鬼的氣那樣膨了起來。雷澤比說：「來了！這是尤達大師等級的玉米餅製作。哦，我已經準備好大快朵頤了。」

突然間，雷澤比靈光乍現。「我們應該問問她們，四、五月份時她們在做什麼。」他的意思是，那些把一個又一個完美的玉米餅放入籃子裡的女人，如果她們可以……

雷澤比把從豬骨撕下來的豬肉絲放在玉米餅中，上面撒上粉紅色的醃洋蔥。他咬下一口，閉上眼睛。那豬肉鮮嫩多汁，夾雜著層層香料、柑橘與脂肪。玉米餅很厚實，充滿嚼勁及玉米香——就像好吃的貝果那樣，好的玉米餅透過其紮實度與風味的深度來展現它的特質，不會給人超市麵粉做出來的那種軟爛感。

雷澤比正眼看著我說：「你吃過比這個更好吃的玉米餅嗎？」

我沒吃過，他慢慢地點了點頭，即將做出決定。

他繼續說：「我們約好收購這個社群的所有玉米，作為快閃餐廳的食材。」但顯然他現在覺得似乎有必要再更進一步，「索利斯？」他說，「你能不能問一下，她們四、五月份在做什麼？」

幾個月後，在土倫快閃餐廳的用餐區與廚房之間，充分地展現了那時他決定的成果。雷澤比謝絕了那個品牌人，但他邀請亞舒納的婦女，加入 Noma 的墨西哥團隊。

雷澤比展開在地飲食文化的朝聖之旅時，有種類似肯・凱西（Ken Kesey）[86]的感覺。他知道誇張的姿態可以帶來動力，知道如何激勵團隊。所以，體驗了墨西哥慢烤豬肉之後，我們的旅程又更深入過往。麵包車開始駛向契琴伊薩遺址（Chichen Itza），那是一千多年前馬雅文化與托爾特克文化（Toltec）碰撞融合，並建立神祕宏偉建築的地方。他想讓大家看看那裡的金字塔——庫庫爾坎神廟（Temple of Kukulkan），亦稱為卡斯蒂略金字塔（El Castillo，西班牙語是「城堡」的意思）。

86 譯注：美國作家，《飛越杜鵑窩》的作者，在一九六四年與朋友開車穿越美國，一路上大量使用迷幻藥。那場公路之旅後來變成那個年代的傳奇。

不過，我們抵達那座古老神廟時，一開始嚇了一跳。神廟周圍聚集著嘈雜的紀念品攤販，賣著T恤與玩具。馬雅的藝品小販似乎把水煙壺舉到嘴邊，後來我們才知道，那些水煙壺就像電影中使用的道具，只是玩具。你吹氣進去時，它會發出熱帶鳥類的叫聲以及美洲豹的吼聲。我們向金字塔走去時，這些聲音包圍了我們。不過，穿過混亂的攤販區後，就看到一片從廣闊草地上拔地而起的廢墟。雷澤比要我們停下腳步凝視這座曾經輝煌的城市，「感受一下這座城市的宏大。」他以類似雪萊（Shelley）的詩作《奧西曼德斯》（*Ozymandias*）[87]的口吻說：「看看這有多神奇，他們以宇宙作為指引。他們打造城市的方式與緣由，分成很多個層次。」每年的春分與秋分，夕陽會在金字塔上映照出蜿蜒的影子，彷彿一條蛇從建築台階上滑下來一樣。

我們漫步到一座長度超過一百五十米的體育場，那裡曾是馬雅人舉行球類運動的地方。「看到圓圈了嗎？」雷澤比興致高昂地當起導遊，「那是馬雅人射門的地方。」據說體育館的音效很複雜，你可以對著球場一端的鬍子人神廟（Temple of the Bearded Man）喊叫，那聲音會傳過整個球場，清楚地在另一端聽到，就像橡皮球從一面石牆彈到另一面石牆那樣。雷澤比說：「這樣他們就可以相互溝通了。」我們決定測試這種傳音效果。

87 譯注：英國詩人雪萊假托埃及法老奧西曼德斯的破敗雕像來講道理。

桑切斯對著鬍鬚人神廟大喊：

「你好！」

迴聲傳到球場的另一邊，彷彿透過立體聲喇叭播放一樣。那一刻，我們可以想像現今的創意夢想家與幾百年前的創意夢想家展開對話。

我們在神奇城市華拉度列（Magic city of Valladolid）[88]過夜。這不是開玩笑，那就是它的官方名稱。墨西哥政府選了數十個別具特色的城市，作為「神奇城市」（Pueblos Magicos）。這裡沒有烹飪特色，卻充滿了魅力。入夜後街道非常安靜，在街上漫步甚至可以聽到窗口傳出的對話。聖薩爾瓦喬教堂（Iglesia de San Servacio）的兩個尖頂閃耀著金色的光芒。

翌日上午，我們又回到麵包車上。在車子裡，現實與神奇魔力再次交鋒。雷澤比只要關閉手機，就可以把現實隔絕在外，沉浸在慵懶的早晨現實中。但他一啟動手機，就立刻看到萊恩・薩頓（Ryan Sutton）寫來的電郵。薩頓在頗具影響力的美食部落格《Eater》

88 編注：墨西哥猶加敦州的第二大城。

擔任食評家，他針對 Noma 土倫餐廳的套餐定價，提出了一些尖銳的問題（在媒體圈，薩頓以美國食評界的機車大叔著稱，因為他非常在乎價格，雖然他對價格的關切很合理，但錙銖必較還是很掃興）。這就是為什麼雷澤比知道，第一家 Noma 快閃餐廳絕對不能開在墨西哥，儘管墨西哥比日本或澳洲更能激發他的想像力。他知道價位是個問題，需要先從其他地方開始。

「哦，天啊，我現在可以吃下一堆昨天的玉米餅。」雷澤比在麵包車裡咕噥著，一邊思考如何回應《Eater》的問題。「還有那肉湯——哦，請帶我回到昨天的地方，請帶我回去。」我坐在 Noma 麵包車的副駕駛座上，永遠不知道哪一天會發生什麼事情。雷澤比就像將軍一樣，每件大大小小的事都由他規劃，但他常拒絕（或只是忘記）對我透露計畫，我總是等到事情發生時才曉得。當時我只知道，我們正同時前進與返回——返回我當初在黎明前躺在海灘上，被人用手電筒照著眼睛、嘴裡有沙的地方。我們正在回土倫的路途上，而且似乎被各種麻煩追著跑。媒體把焦點放在 Noma 墨西哥餐廳的費用上，雷澤比喃喃說道：「你不能做昂貴的玉米餅。」他還在為價格傷腦筋，「那怎麼辦？問題是我們的開支太大了，那是我一直想說的，那根本是不可能的任務。」與此同時，他也關注著死神的動態。在電郵、簡訊、手機連結之間切換時，他得知英國作家好友吉爾（A. A. Gill）診斷出癌症。吉爾在《週日泰晤士報》上寫道，那其實是「罹癌困境，因為幾乎每個內臟都有癌細胞，全身都是惡性腫瘤。」（吉爾於三週後過世，往後幾年，雷澤比經歷了數次親友的生離死別，吉爾是第一位。）這些動盪使雷澤比的心態轉趨豁達。他坐在麵包車裡，盯著窗外一片片的叢林。「現在我對Noma墨西哥的想法輕鬆多了。」他最後談到快閃餐廳時說，「反正就順其自然吧。」

但它不會像Noma東京快閃餐廳那樣。雷澤比說：「我們絕對不會再讓Noma陷入日本那種狀況了。」在日本，Noma團隊需要額外的勞力，由於快閃餐廳是開在文華東方酒店（Mandarin Oriental hotel），人手因旅館的強制隔離政策而不斷流失。如果廚房裡有人的諾羅病毒檢測呈陽性，那個人以及他的室友都必須離開廚房三天，這形成一種人手不足的循環。接連不斷的挑戰，導致快閃餐廳的運作太過艱辛，太費勁。相較之下，雪梨快閃餐廳對雷澤比這種性格來說，幾乎太容易了。雷澤比說：「到最後，我迫不及待想離開澳洲。」（如果你看了記者何天蘭對巴蘭加魯碼頭上發生的危機與障礙所做的報導，可能會覺得雷澤比的評語很怪。「有一些令人頭痛的狀況。他們來到一家尚未落成的餐廳，網路上也找不到那家餐廳的地址，水槽還不能用，烤箱也是。一盒昂貴的食材不翼而飛。風暴席捲塔斯馬尼亞島，這表示更多的食材無法送達。來自北方的兩個大蟻巢，裝在同一個盒子裡。從死傷狀況可以看出，盒裡的邊界之爭已演變成全面開戰。那些螞蟻原本會散發出帶有香菜／香茅／泰國青檸（kaffir lime）[89]／萊姆味道的濃郁蟻酸，但經此一戰，蟻酸已消耗殆盡。」）

雷澤比希望士倫的快閃餐廳介於東京與雪梨之間：有足夠的難度可以激勵大家挑戰，但不至於打擊士氣。他說：「這是我們變得有自信、找到自我的過程。」

麵包車裡洋溢著葡萄柚的香氣。高橋坐在後座翻閱一本日西辭典。羅德里格斯不停地用手機搜尋天然井（猶加敦半島上散布的岩洞陷落井，那是小行星撞擊半島時，在地上形成的池塘大小坑洞）。雷澤比想參觀大型的天然井，一個真正的天然井，而不是觀光景點。他夢想中的天然井，就像他夢想中的馬雅章魚、烤豬肉薄餅、法羅群島海螯蝦（Faroe Island langoustines）、挪威紅褐蛤蜊（Norwegian mahogany clams）。他在車裡說，「如果你有一把彎刀，走進叢林一公里，可能就會找到天然井。在那裡可以接觸到更多的大自然。」

89 編注：又譯馬蜂橙。外皮粗糙且凹凸不平，葉子（即俗稱的檸檬葉）具有獨特的柑橘清香，是東南亞料理中常見的香料之一。

我們進入土倫，我們回來了。

「他在那裡！」雷澤比說。

麵包車在與海灘平行的蔭涼砂石路上減速行駛。這條路上隨處可見那些喜歡抹茶或大麻的文青或嬉皮。他們穿著拖鞋，頂著被海水打濕的頭髮，露出瑜伽手臂，把毛巾像紗籠那樣裹在緩慢移動的臀部上，一臉好似剛做完瑜伽「大休息」（Savasana）的恍惚表情。高橋說：「好多美國人。」其中一人是熟人。麵包車停了下來，打開門，詹姆斯·斯北伯里（James Spreadbury）鑽了進來。他說：「你們好嗎？」這個來自全球各地的團隊，現在多了一位澳洲代表。

斯北伯里與家人已經進駐土倫數週了，他是來為快閃餐廳打好基礎的。麵包車緩緩前進，駛向斑馬旅館對面的一塊小空地。「各位，往右看，你們即將看到我們的新餐廳。」雷澤比說。

那個地點目前看來只是一塊廢棄的露天場地。就像哥本哈根的 Noma 2.0 一樣，這裡布滿了水泥與塗鴉，離翻新還有很長的路要走。空氣中彌漫著芒果汁的味道與菸味，地上散落著白石堆，地面上都是土。「這裡是廚房，」雷澤比指向一堆垃圾箱，「很難想像吧？」確實很難。他擺出快速遞送餐盤的動作，「上菜！第二桌！」不過，現在沒有桌子，沒有屋頂，沒有牆壁，沒有爐灶，也沒有水槽。他繼續說，「各位，這裡和我們以前做的很不一樣。」在雪梨與東京，快閃餐廳是開在既有的商業大樓裡，已有基礎設施與洗手間。至於這裡呢，雷澤比的團隊顯然像約瑟夫．史密斯（Joseph Smith）在猶他州的沙漠灌木叢中所號召的摩門教信眾那樣，必須在荒野中從無到有打造出一家餐廳。而且，Noma 團隊就像早期的摩門教徒那樣，對於這種要求絲毫不感到猶豫。「弗雷柏，你覺得呢？」雷澤比問道。

「太棒了。」弗雷柏說，眼睛閃閃發亮。

「我們會保留所有的樹吧？」瑟柏問道。

「盡可能都保留下來。」雷澤比說。

「太酷了。」她說。

「太酷了，」他附和，「高橋，你覺得呢？」

「我們可以在這裡做些特別的事。」高橋說。

接著，雷澤比默默轉向那個似乎最難打動的人。

「大家在這裡應該會很開心。」桑切斯說。

✣

你發現錢包掉了，會感到恐慌；發現信用卡被盜刷，會感到恐慌；在繁忙危險的城市裡試圖尋找孩子時，偏偏手機正好故障，你會感到恐慌；發現有人駭入你的社群媒體帳號，開始發送低俗的訊息給你的朋友與同事時，你也會感到恐慌。儘管科技突飛猛進（或者說，正因為科技突飛猛進），文明似乎導致出錯機率倍增了。有些日子，生活過得渾渾噩噩，狀況連連——光是為了維持現狀，就已經令人焦頭爛額，更遑論創新以求進步。你擁有的裝置越多，它們越容易故障或當機。你越依賴它們，它們故障時，你就會越崩潰。你的使命感受到打擊，取而代之的是應接不暇的問題，彷彿坐上一艘正在下沉的船，一直冒出新的漏洞，讓你疲於修補。與此同時，更大的裂縫正在擴大。愛的喜悅與欣慰蕩然無存，取而代之的是忙著滅火的沉悶與煩躁。你的婚姻開始破裂，事業開始崩解，國家分崩離析，政府朝著法西斯主義發展，世界朝著環境毀滅的方向傾斜。你很想多關心外界的事情，你真的很想，但你剛剛把手機扔進了垃圾桶。

如果你想以別的方法活在地球上，讓你的一舉一動都是追求某種更高使命的結果，你只要跟 Noma 團隊相處幾天，就會感覺非常良好。當然，他們也有處理不完的問題，每天除了收到漿果與可食用的昆蟲以外，也會遇到新的混亂局面。但是，一些終極目標所綻放的光芒，為一切事物賦予了意義。相較於在二十一世紀的美國，努力維持運作及心靈平靜的辛苦，這種意義是比較難以掌握的。看著 Noma 團隊的運作，可以明白為什麼有些聰明人會加入邪教。他們不是為了自由性愛或宣洩情感的舞蹈而加入（雖然那些早期的誘惑確實有其魅力），而是因為邪教告訴你：「我們有答案。」如果沒有答案（即使只是捏造的答案），生活會變得很艱難。有了答案以後，就有一致的目標，可以集中精神，讓身體充滿活力。

現在，目標是完成 Noma 墨西哥餐廳，大家已經為此投入多年的規劃與夢想。為了實現它，已經快把雷澤比逼瘋了。現在不能就此放棄，計畫一定要執行。一著不慎，就可能滿盤皆輸。

土倫

「雷澤比從來不以目前的成就自足。」

——《華爾街日報》，二〇一四年十一月五日，

引述自主廚麥特・奧蘭多（Matt Orlando）

「我們去看海龜吧。」雷澤比說。

雷澤比與朋友及家人坐在 El Pez 旅館的一張長桌邊。他投入 Noma 墨西哥餐廳這段期間，將長住於此。桌上擺滿了當地的水果——木瓜、西瓜、芒果、馬米果——還有荷包蛋、玉米餅、綠莎莎醬與酪梨片。今天是休息日，他安排了許多紓壓的活動。我們在一

間高架撐起的茅屋裡一起做瑜伽，來自加勒比海的微風，讓我們平靜了下來。接著，我們擠進一輛麵包車，前往艾庫瑪爾（Akumal）[90]的海灘，去跟海龜一起浮潛。

司機後方有個螢幕，娜汀把螢幕轉到《海底總動員2：多莉去哪兒？》（*Finding Dory*），讓雷澤比的三個女兒觀賞。尼莫（Nemo）的爸爸出現在螢幕上，是由艾伯特·布魯克斯（Albert Brooks）配音。在親子教養方面，尼莫的爸爸是典型的神經質，正好和雷澤比夫婦相反。魚爸爸說：「旅行的唯一原因，是為了再也不必旅行。」雷澤比一家的看法顯然不是如此。

車子開出去時，雷澤比一反常態不發一語。這時，我和他來墨西哥已經好幾次了，以往他總是興高采烈，遇到不熟悉的食材或習俗時，就像電流在體內流竄一樣，但現在他卻出奇地沉默。麵包車抵達海灘，雷澤比變成一般的老爸，在路邊不耐煩地徘徊，等候每個人拿毛巾、涼鞋與沙灘椅。孩子們緩慢地下車，這似乎令他心煩意亂。他咕噥道：「今天是你的休息日，你卻花一半的時間等人完成事情。」不久，就像雪維·蔡斯（Chevy Chase）[91]的電影那樣，每個人都戴著浮潛面罩、呼吸管與笨重的救生衣，整裝待發。走

90 編注：位於猶加敦半島上的小型濱海度假勝地，距離土倫約二十五公里。

91 編注：美國的一位喜劇演員和作家，是著名綜藝節目「週末夜現場」（Saturday Night Live）的固定班底。

入海水的感覺，與許多人習慣的冰冷海水衝擊正好相反。這裡的海水不只是溫的，而是熱的。那水溫會讓你擔心很多事情，從食肉微生物到災難性的氣候變遷都令人擔心。我們在墨西哥的熱水裡上下浮動時，發現海龜比我們游得更遠，那裡的水比較深。事實上，海龜是在繩子外幾碼遠的地方。你可以看到牠們移動，牠們的頭不時地探出水面，但是海灘管理員看到有人游到繩索外時，就會拿起擴音器大聲警告。

雷澤比才不管警告，整天籠罩心頭的挫敗感，似乎隨時都有可能爆發。有人在一旁說冒險游過繩子是違法的，雷澤比最後受不了地說：「去他媽的！我們游過去。」於是，在他的號召下，我們跟著他游了過去。我們一個接一個從繩子底下鑽過，集體游向開放水域，海龜在那裡跳著緩慢的水上芭蕾。

⚜

每天早上，Noma 墨西哥餐廳的廚房慢慢地甦醒，開始運轉。首先，是生火——木頭與樹枝熊熊地燃燒，燒得通紅；爐子噴出火星，落在石頭地板上。廚師開始一波波地抵達餐廳，準備上工。他們在腳踝噴上防蚊液後，便開始在崗位上工作。寶琳娜．卡雷諾（Paulina Carino）與瑪瑞爾．諾格隆（Mariel Nogueron）都是來自瓜達拉哈拉市。她們用大桶油來油炸玉米麵團。這裡還有一盤盤來自科特斯海（Sea of Cortez）[92]的新鮮海帶，數桶海濱芥、馬齒莧（sea purslane）[93]，以及從離岸不遠處採集的豬毛菜（saltwort）[94]。

在紐約州揚克斯（Yonkers）長大的廚師費薩爾・德米拉傑（Fejsal Demiraj），用刀子切著生肉——表面上看來是如此。但是貼近一看，會發現那些看起來像「肉」的東西，其實是當地的番茄，果肉紅紫相間。他檢查一箱番茄，發現它們已開始腐爛，有些已發黴凹陷。德米拉傑知道他必須隨機應變——減少番茄的用量，只用完好無損的。他會先把好的番茄——生長在當地馬雅社群的印地安番茄——去籽去皮，然後在食物風乾機中烘乾幾個小時，以濃縮番茄的風味，讓它的質地變得更有嚼勁。接著，他會塗上鳥嘴辣椒油（chile de arbol oil）[95]，把它們剁碎，放在炸玉米餅（salbutes）上。

幾步遠的地方，高橋為一堆哈瓦那辣椒去籽。也許是因為動作敏捷，他負責這道最繁瑣的菜餚。這道菜的作法既繁瑣又危險。辣椒籽潛藏著看不見的危機，高橋必須注意手指的動向。他稍微搔了一下脖子的癢就大叫：「喔，媽的，好刺！」

92 編注：位於墨西哥西北部的狹長海灣，海域中生長許多藻類。
93 編注：匍匐生長在海邊的植物，葉片肉質肥厚，外形像馬的牙齒而得名。台灣俗稱「豬母菜」，早年多用來飼豬。
94 編注：生長於帶有鹽分的沙質土壤上，因葉片外形細長有如豬鬃毛而得名，蒸、炒、涼拌皆宜。
95 編注：一種在墨西哥當地非常受歡迎的辣椒醬。它的滋味極辣，風味濃郁，可以在家快速製作。

雞蛋正在烹煮，番茄在炭火上直接焦烤，海帶在熱水中從鏽棕色變成黃綠色。食物在高溫中轉變，這是一個充滿濃郁、焦炭、嗆鼻氣味的熱鬧場面。每個人都穿著涼鞋、黑色短褲、灰色圍裙——這身制服打扮為廚房增添了一種軍事化的精確感。但他們正在烹調的菜餚，卻充分體現出「狂野」這個詞的所有意涵。那些菜在融合未馴化的味道與口感方面很狂野——那是一套以螞蟻蛋和蚱蜢為特色的菜單——在創意方面也極其瘋狂（其中一道菜是用一個球狀的海帶當小酒杯，直接向嘴裡倒一杯米切拉達雞尾酒〔michelada〕[96]）。狂野是整體結構的基調。弗雷柏對我說：「颳大風時，你可以從這棵棕櫚樹的聲音，感受到它在天花板上移動的方式。」他把頭擺向那棵從廚房正中央拔地而起的樹，「哥本哈根不可能出現這種場景——接觸大自然的力量。」你可以說，Noma墨西哥比Noma本身還要Noma。「雷澤比告訴我的第一件事是：『弗雷柏，我們的廚房需要一棵樹。』」支撐天花板的柱子上掛滿了豬的頭骨。

牆上掛著一張護貝的圖表，為還沒背得滾瓜爛熟的人提供資訊，上面寫著：「來自

96 編注：以啤酒為基酒，再添加萊姆汁、番茄汁、辣椒醬、鹽等材料調製而成。

叢林的野生食物。」底下有許多圖案：辣木（moringa）[97]、黃金果（caimito）[98]、墨西哥胡椒葉、皮納爾（pinuela）[99]、紅醋栗、雞蛋花、野生普列薄荷（wild royal）[100]、野生扁豆、皮比納玉米（maiz pibinal）[101]。香草圖上有馬齒莧、海百合[102]、豬毛菜、海濱芥。羅德里格斯抵達廚房時，通常也表示有些食材隨著他一起來了。他是喬事者，也是食材庫的管理者，每天從早上五點工作到凌晨兩點，與遍及墨西哥各地的數十個生產者及供應者聯繫，他們組成一個錯綜複雜的網絡。「我每週開車的里程數大概有五千公里。」他告訴我，「週一我覺得很奇怪，因為我有幾個小時的休息時間，我突然感到不知所措，

---

97 編注：原產於印度與非洲等熱帶地區。其種子莢果和嫩葉均可食用，種子乾燥磨成粉，亦可作為調味料，帶有辣味。傳統醫學亦很推崇辣木的功效，因此又有「奇蹟之樹」之稱。

98 編注：又名黃晶果或黃星蘋果，原產於南美洲。果實呈圓形或橢圓，成熟時外皮會由綠轉為鮮艷的金黃色，果肉呈半透明膠狀，滋味香甜。

99 譯注：一種鳳梨科植物的花蕾，外形狀似粉紅色小香蕉，味道也與鳳梨相似。

100 編注：Wild royal 可能是 wild penny royal 的簡稱。Penny royal 又名普列薄荷、胡薄荷、唇萼薄荷，中世紀的古希臘羅馬人經常用它做為調味料，但因為所含的精油成分濃度極高，少劑量即會對人體肝臟造成損害，現在已很少入菜料理，多作為驅蟲之用。

101 編注：猶加敦半島的傳統玉米料理。作法是將整根帶葉玉米，放進事先已點燃石頭與柴火的地洞中，再將地洞封起一至兩天的時間，讓玉米燜燻至熟，因而變成漂亮的褐色。

102 編注：又稱星百合，生長於海灘或沿海沙丘上，目前是瀕危的保育植物品種。

完全嚇壞了。我站在那裡想：『這是怎麼回事？』」

弗雷柏從剛送達的食材中拿起一個菠蘿蜜（狀似帶刺的足球）。「還沒熟，」他說，「你摸摸看，要再軟一點。它成熟的時候，就像最好的蜂蜜。」他拿起一把大刀把它劈開。Noma 墨西哥周圍的叢林裡到處都是這種水果，但這不表示它們很容易取得。「我們常遇到一些麻煩，」羅德里格斯說，「每天起床，你永遠不知道會出什麼狀況。」Noma 墨西哥的第一週，他需要一些皮納爾作為開胃菜——包裹在羅望子醬與芫荽花裡的鳳梨科花蕾。栽種皮納爾的人突然聯繫羅德里格斯。「早上六點左右，他發一張自拍照過來說：『叢林失火了。』」突發的山林大火把農民的土地燒成灰燼。羅德里格斯不得不去尋找其他的貨源。「我只好開車到處問社群裡的人。我開了兩個小時到處找胡安，到處問：『胡安在哪裡？』他們說：『胡安去教堂了。』」他一直找，開了六小時的車子四處尋找胡安後，終於帶了一箱皮納爾回到 Noma 墨西哥的廚房。有人還問他：「怎麼那麼久才來？」

章魚是來自甘佩齊（Campeche）[103]，但羅德里格斯無法透露它的確切產地。他說：「只有幾個人知道哪裡可以抓到這種章魚。」漁夫告訴他，「我需要一艘船，一個引擎，

103 編注：位於墨西哥灣南部的一座濱海城市。

一週工作三天，以及充足的梅斯卡爾酒。」成交！羅德里格斯說：「全國沒有一家餐廳一週能供應三次新鮮的可可果，這根本是不可能的任務。」為什麼 Noma 墨西哥運氣特別好，可以辦到呢？他說：「我們和一個傢伙簽約。」在墨西哥，由於食材的取得管道迂迴，東西往往還沒熟就摘採了。這些農產品在半島上採收後，有時會經過坎昆，運到墨西哥城，然後再送回猶加敦半島，但那時候食材已經死了。羅德里格斯說：「你永遠不會知道你收到什麼。」所以，他的目標是直接從栽種者取得最好的食材。他說：「我們可以迅速拿到手。」

有時，他們會更接近源頭——直接取得種子。雷澤比和團隊想使用印地安番茄。羅德里格斯說：「那種番茄根本找不到。」於是，他們找到業餘的栽種者。「我們提供種子請他們栽種，他們就在自家後院種植。」第一批番茄送到 Noma 廚房時長滿了蟲。羅德里格斯不得不回去找那些栽種者討論，在叢林氣候下可能需要提早採收番茄。他說：「你只能和他們好好合作。要讓社群了解我們想要的品質，不見得容易。」不過，現在送來的一些番茄還是爛的。

螞蟻蛋是來自伊達爾戈（Hidalgo）[104]，那些蛋是在那裡採收並馬上冷凍。羅德里格

---

104 編注：位於墨西哥中部的一州。

斯說：「要是送來時已經解凍，我們就完了。」有一批螞蟻蛋本來要空運到坎昆，但暴風雨導致飛機無法降落，於是那批貨轉送到幾小時飛程外的梅里達，晚上八點才送達。他只能想像，到時候那批螞蟻蛋送來時是什麼狀態。

有一名醫生在廚房邊隨時待命，以防有人在百分之一百的濕度中昏倒，Noma 團隊裡的北歐人不習慣這種濕度。弗雷柏說：「上週我們打了複方維他命 B，以確保每個人都維持健康。」當時我肯定看起來一臉恍神，因為他打斷了一位正埋頭備菜的年輕廚師：「給傑夫一杯椰子水。」裝在冷藏椰子裡的椰子汁——香甜、冰涼、營養豐富——整天都隨手可得。

酸橙、小香蕉、南瓜、馬米果籽（籽核壓成油）。每樣東西都需要迅速轉化為理想的美味。轉化一半的任何食材都會迅速分解。一位廚師指著小香蕉對我說：「我們本來要把這個留給湯瑪斯．凱勒（Thomas Keller）[105]，但現在留給你們了。」

雷澤比來到廚房問道：「還有剩下的三明治嗎？」

105 譯注：在美國東西兩岸分別坐擁 Per Se 及 The French Laundry 兩家米其林三星餐廳的傳奇名廚。

那不是一位要求嚴格的人發號施令的聲音，如今他是以更圓融的方式來展現主導地位。他說話時的抑揚頓挫，似乎在每個句子裡都隱藏了一個問題，他是以建議的方式來領導團隊。今天的員工午餐是一堆夾滿墨西哥慢烤豬肉的三明治。雷澤比不是那種盲目往嘴裡塞東西的人，即使是美味的墨西哥三明治也不例外。他拿起一個三明治，把它放在烤架上烘烤，但看不出來他樂在其中。之前去看海龜時的不安感，就像那些在叢林番茄上迅速蔓延的黴菌那樣，越來越明顯了。多年來，他一直帶著一個難以捉摸的目的來墨西哥：放鬆一下，逃離哥本哈根的冬天那令人壓抑的灰色穹頂。為什麼如今來到他心愛的土倫，他的心思卻飄到了……北歐？

「下週，」他含糊地告訴我，「我們會開始進入哥本哈根模式，我們必須這樣做。」Noma 的發酵總監大衛・齊爾柏（David Zilber）坐在幾英尺外的一張桌子旁，與廚房裡烹煮與切菜的工作明顯分隔開來。他開著筆記型電腦，專注於遠在丹麥發酵的多元發酵品上。事實上，他和雷澤比正在合寫一本發酵書，將於二〇一八年出版。

在一個充滿著深思者的廚房裡，齊爾柏顯得十分特別。俗話說，上天眷顧勇者。多年來，齊爾柏一直在溫哥華當廚師，默默無聞，但他把一篇充滿熱情的文章，寄給三家他心中認定的全球烹飪先鋒：舊金山的 Saison、芝加哥的 Alinea、哥本哈根的 Noma。

齊爾柏在 Noma 1.0。

前兩家從未回應，但他就這樣被 Noma 團隊錄取了。齊爾柏後來對記者妮基塔・理查森（Nikita Richardson）坦言：「我常說，如果你沒有不安的感覺，那表示你沒有逼自己。」那句話或多或少道盡了 Noma 理念的核心。「所以，我只寄了幾份簡歷和一封真的很長的求職信，給我最喜歡的餐廳。」在丹麥的廚房裡，他成了公認的「活字典」。即使與他隨意交談，他也可能提及數學、歷史、量子物理、生物、化學、電影。齊爾柏把某次的週六夜專案變成一場理念實驗後，雷澤比就把他從廚房調到發酵實驗室，與拉爾斯・威廉斯（Lars Williams）和艾里耶兒・瓊森（Arielle Johnson）一起工作。在那次的週六夜專案中，齊爾柏不止設計新菜，而是端出一系列的盒子，那些盒子裡有精心布置的分隔，讓每位用餐者體驗相同食材所做出來的不同菜餚，以促進話題交流：紅鯔魚配海灘草、黑橄欖與馬鈴薯（其中一格的紅鯔魚是慕斯狀，另一格是魚片，再下一格是生拌肉末，最後是生魚片。）齊爾柏把那次週六夜專案的冒險嘗試，稱為「對地中海海岸線上唯我獨尊的反思（De Gustibus Non Est Disputandem）變體一之四」。他也為那套「菜餚」寫了一篇隨筆，節錄如下：

許多認知科學家思考的一個嚴肅問題，是經驗本身的性質。光線在不同的個體上展現的方式、你的快樂閾值、你的味覺感知，這些都是人類大腦的奧祕。有一個經典的癮君子難題，名叫「顏色不一致測試」。它的意思是，儘管我們（你和我）都覺得茄子的顏色是紫色，但是在這個共識之外，我們永遠無法真正知道，我們是否真的體驗到**相同的**紫色。據我所知，你認定的紫色，我可能稱為綠色。

這引起了雷澤比的關注。

現在齊爾柏就像他那篇形而上短文的化身，身處在墨西哥，但心在他方——在未來的哥本哈根。他說：「我必須超前思考一年。」二〇一八年的菜單已經在他與雷澤比的腦中成形了。

凱勒週六要飛來Noma墨西哥享用晚餐。最近加桌的需求暴增：前幾天，有人在Noma墨西哥的周邊，看到一位富婆把整疊百元大鈔扔進餐廳大門來要求座位。《華盛頓郵報》刊出食評家湯姆・希茲瑪（Tom Sietsema）的報導，標題把Noma墨西哥稱為「十年大餐」。雷澤比並未因此開心慶賀，他似乎無法靜止不動。為了實現Noma墨西哥這個計畫，他付出了大量心力、千里跋涉尋找食材、吃盡了苦頭，如今看到餐廳獲得好評，他似乎無法享受成果。那些美味珍饈，只要吃下肚就消失了。無論雷澤比是否稱得上是藝術家，他用來展現藝術的媒介，無論再怎麼出色，上桌幾秒後就消失了。你拿起一顆芒果，吸著芒果汁，吃完剩下的香甜果肉，最後只剩下籽，你把芒果籽埋了。幸運的話，你可以看到那顆籽萌芽開花，反覆循環。雷澤比的食物不單只是與自然的交流，他經營餐廳的方式——盛衰榮枯的節奏——也可以視為對大自然的歌頌。為了維持那節奏，雷澤比不喜歡靜止，討厭慣性。只要有東西不動，他就對它感到厭倦——或者，他只是對自己感到厭倦。「雷澤比一直說：『馴服野獸，馴服野獸。』」弗雷柏告訴我，「其實，這裡一切運作得很順利，來這裡比其他地方更有挑戰性。」他是指日本與澳洲，「但執行方面，這裡是最簡單的。」

偏偏，簡單無法為雷澤比增添活力。土倫是他大展身手的時刻。每一晚，他與廚房團隊歷經層層繁複的步驟，演出了一場精彩的芭蕾。但身為編舞總監，他依然與作品保持距離。他投入了，但思緒飄到了其他地方。雷澤比的助手德雯．麥戈尼格爾（Devin McGonigle）跟著雷澤比走訪世界多年，她讓我看到了驅動雷澤比的動力。當時，我站在吧台邊，看Noma團隊在廚房裡排練。麥戈尼格爾告訴我，雷澤比「現在沒有那種動力」。

只有在週六夜專案、在瓦哈卡的市場、在決定放棄舊 Noma 的時候，你才會看到他展現那種動力。麥戈尼格爾告訴我，雷澤比和她說話時，她反覆聽到的一句話是：「我們可以做別的了嗎？」

後記　肯定在這裡

哥本哈根

「我覺得目前我們在Noma烹煮的東西，是來自內心，來自很久以前的迴響，而不是大腦建構的。回首過去半年，最好的時刻，都是發生在當下所做呼應過去所為的時候。『創意是什麼？』我寫這本日誌時，一直這樣自問。我也不確定，但今晚我會這樣回答：創意是指你能夠儲存人生中大大小小的特殊時刻，並看出它們與當下有什麼共鳴。當過去與現在交融時，就會產生新的東西。」

——雷澤比，《日誌》

我造訪哥本哈根好幾次，但從來沒注意到這點：哥本哈根是一座童話般的城市，一個像冰淇淋甜筒般的城市，一個給了我們安徒生及其童話故事的地方，而這個地方啟發了華特．迪士尼（Walt Disney），帶給他打造樂園的靈感。我的丹麥之行一直是以Noma為中心，焦點都是放在這個大都市的烹飪中樞。但最近一次造訪丹麥，我碰巧帶著十二歲的兒子托比同行，我們騎著單車閒逛，我因此有機會用新的眼光——或者說，更老練的眼光——來欣賞這座城市。在復活節過後的週一，太陽出來了。我與托比直接騎往蒂佛里樂園（Tivoli Gardens）——那個充滿雲霄飛車、碰碰車、孔雀的遊樂園，裡面都是臉頰紅通通的孩子，個個興高采烈。華特．迪士尼從一九五一年開始，多次造訪蒂佛里樂園，當時他是以電影製片人的身分著稱。他就是在造訪蒂佛里樂園時獲得了靈感，那些靈感日後演變成迪士尼樂園。

我與托比從遠處看到大怒神那個遊樂設施時，一開始都有點猶豫。它看起來像巨人使用的旋轉棒，上面有許多尖刺，巨人用尖刺刺穿尖叫的人後，把那根棒子舉到空中旋轉。沒有上蓋的座椅載著乘客，座椅只用鋼條繫住，迅速升到空中，然後像被皮帶拴住的狗一樣不停地旋轉。我們幾乎不敢踏上前，但是在員工蒂佛里的勸誘下，我們決定上去試試看。

這次與托比同遊，潛藏著一股甜蜜的情緒。我們去丹麥旅行後的下一個月，托比和妹妹瑪格將在紐約的家裡，迎接雙胞胎弟弟賈斯柏與衛斯理的到來。我和托比單獨在哥本哈根待了一週，那是我們父子倆共享風雨前寧靜的方式。四年前雷澤比第一次和我約在曼哈頓下城喝咖啡以來，我的人生經歷了崩解與重建。這可能是〈傳道書〉（Ecclesiastes）中比較鮮為人知的觀點，但顯然有時我們需要拆毀一切，再重新打造一切。再過幾週，我就要成為四個孩子的父親了。一月初，我和勞倫在聖巴巴拉市的西班牙風格法院裡簽了一些文件，然後走出法院，在公證人的主持下，頂著加州豔陽，舉行了婚禮。加州的陽光總是讓我們聯想到家鄉。一個兩人組的烏克麗麗樂團在現場演奏著〈Maybe I'm Amazed〉和〈Sea of Love〉。婚禮規模不大，我們只邀請雙方家長以及勞倫的哥哥丹尼來觀禮，丹尼設法搭乘了一架螺旋槳小飛機，從洛杉磯飛來這裡。他不得不這麼做，因為一場致命的土石流摧毀了聖巴巴拉縣的整個社區，整條一〇一號公路都布滿了岩石、泥漿與土礫。從洛杉磯直通聖巴巴拉的道路都斷了，本來開直達路線只需兩個小時，現在要繞道行駛約六小時，先彎向東邊，再往北穿過中央谷地（Central Valley），然後向西開往聖瑪麗亞（Santa Maria）。丹尼比較喜歡搭飛機。婚禮規模雖小，但我和勞倫還是在約一百個小學生的面前交換了誓言。他們靜靜地看著我們，吃著午餐的三明治。有人告訴我們，他們之所以聚在法院後面的草坪上，是因為土石流淹沒了學校。

我在家裡的時候，雷澤比一直在想辦法迴避他自己造成的災難。幾年前，他因為渴望變革而冒了一些風險，那些風險差點就摧毀他辛苦建立起來的一切。Noma 2.0 開業了，但差點開不成。我在聖巴巴拉結婚的那個月，可能是雷澤比這輩子過得最慘的月份。豪伊・卡恩（Howie Kahn）報導了 Noma 重啟後的不穩定狀況：「礙於這塊土地的歷史意義，再加上丹麥嚴格的地標規定，雷澤比在破土動工後，才發現新餐廳的建設受到侷限。」

去年夏天，工人挖掘工地時，挖出了一段十七世紀的城牆，導致工程停擺。他們請文物保護專家來鑑定重要性。「他們告訴我，可能要花兩年時間才能搞清楚那是什麼，以及那些東西對我們的影響。」雷澤比說，「我無法入睡，無法呼吸，再這樣下去我們會破產。」後來，雷澤比迴避了那種末日情境，他說，「他們在五週後完成了評估。」那次延宕確實導致餐廳的開業時間往後延了一個多月，變成一系列意外事件中的一例。那些意外事件有時讓雷澤比不禁覺得，他當初實在不該冒險啟動變革。「整個過程實在太瘋狂了，」他說，「但有些事情在你知道怎麼規劃之前，你就義無反顧去做了。」

我和托比去桑切斯的餐廳，跟雷澤比一家人共進早餐。如果有人認為雷澤比對墨西哥食物的渴望，只要在土倫待幾個月就能滿足，那就大錯特錯了。現在他比以前更渴望墨西哥食物。桑切斯目前經營自己的餐廳，她每週日早上一定會為雷澤比一家人（雷澤比、娜汀、雅文、根塔、小羅，以及娜汀的母親班特・斯文森〔Bente Svendsen〕和妹妹貝瑞特〔Berrit〕）預留一張長桌。對雷澤比來說，週日是休養生息的日子，前一週的工作隨著週六夜專案的進行而進入尾聲。莎莎醬與玉米餅提供了需要的身心滋養。炸玉米餅配煙燻鮭魚；牡蠣的腔室已經變成橘色，搭配沙棘與哈瓦那辣椒；新鮮溫熱的玉米餅，準備好用來包荷包蛋與豬肉絲。上次我在土倫與雷澤比相遇時所看到的焦躁不安，如今已經被其他情緒所取代。Noma 2.0 開幕前的準備工作充滿了波折，娜汀說，和二〇一三年諾羅病毒危機所引發的極度焦慮差不多，雷澤比擔心得輾轉難眠。當 Noma 2.0 的建地因為挖到古物而延遲兩個月時，雷澤比彷彿陷入谷底，為了迫使身體進入休息狀態，他不得不靠安眠藥入睡。現在他是靠其他的東西。在桑切斯的餐廳裡，他為了讓我看他依靠什麼，把手指放到嘴邊，做出抽大麻的手勢。

他只要繼續忙碌，就不會想到大麻。但在靜止的時刻，他又會想起。例如，四十歲生日那天，他在哥本哈根一家安寧醫院裡度過。他坐在父親的病榻前，看著癌症逐漸吞噬父親的生命。四天後，他的父親就過世了。

克里斯蒂安尼亞附近的 Noma 2.0 招牌。

二〇一七年十二月二十二日，雷澤比在 Instagram 上寫道：「四十五年前，我父親以阿爾巴尼亞穆斯林的身分移民到丹麥。他就像許多前人一樣，一生中的大部分時間是在移居國度過，做著體力活，洗盤子、捕魚、開計程車、擦地板，一輩子都打兩份工。我父親從做一頓豐盛的飯菜，與家人圍坐在一起享用美食中，獲得了心靈上的撫慰。我記得以前早上醒來，聞到燒柴的味道，看到父親為壁爐添柴火，聽到烤栗子的劈啪聲。他的番茄沙拉是切成薄片，再加上幾滴醋與些許的香芹葉；燉豆子；炒辣腸配洋蔥……如今那些都成了回憶。他所做的一切，都是為了給家人帶來幸福與更好的機會。他這輩子從未抱怨過，即使是癌症從體內吞噬他時，他也從未吐露任何怨言。我這輩子的每件成就，都與他的犧牲奉獻有關。」

在這個啟發華特．迪士尼在加州安那翰（Anaheim）的廣袤土地上，打造迪士尼樂園的城市裡，雷澤比打造了自己的「明日世界」、「探險世界」和「幻想世界」[106]。他以自己的方式，重建了這座城市，重新繪製了地圖，改變了丹麥人談論本土美食的方式。有時憂鬱會籠罩他，尤其是父親剛離世那段痛苦的日子，但他會繼續前進，繼續與家人聚在一起吃玉米餅。他在桑切斯的餐廳裡，微笑地看著大家把盤子傳來傳去，一起分享

106 譯注：迪士尼樂園裡的區域名稱。

食物。「我感覺好像在吃陽光。」娜汀說。

Noma 2.0 以海鮮菜單首次亮相時，雷澤比在他的 Instagram 上，貼出名為「失敗一號」與「失敗二號」的故事。那些都是美食方面的糗事，但是怪到近乎搞笑。他在圖說中點出了那些故事的幽默之處，但諷刺的是，在 Noma 餐廳裡，你很難分辨哪些菜餚是最後上桌的，哪些是失敗的。

「燻鱈魚頭湯。那個眼睛是不是太多餘了？」（那確實有用途。）

「這是魚鰾——你可以吃，但我們其實不清楚。」

「我們曾把兩隻章魚綁在一起，做成『義式培根』……不～～～」

「寄居蟹被放回海洋了。」

「『醃烏賊』從來沒成功過。」

從這些發文可以看出 Noma 的本質，還有 Noma 那幾家快閃餐廳以及週六夜專案對冒險的偏好，它們顯示雷澤比一點也不在意公開展示他的研發錯誤，它們也顯示那些錯誤給人的觀感，與客人幾天後在 Instagram 上興奮分享的佳餚，並沒有太大的差別。套用

《搖滾萬萬歲》（*This Is Spinal Tap*）裡的名言：「聰明與愚蠢往往只有一線之隔。」美味與噁心往往也是一線之隔。當你一再向前推進時，你創造出來的失敗，可能比成功還多。Noma 就像一支樂團，要求自己每天創作新曲，只是想看這種自我要求會發生什麼。有一些粉絲（例如張錫鎬）堅稱，早期的歌永遠無法超越。

我在哥本哈根那週，某天張錫鎬和妻子葛瑞絲・徐（Grace Seo）一起走進雷澤比的廚房，張錫鎬開始懷念 Noma 以前簡樸草創、初出茅廬的年代。當時雷澤比與奧蘭多、葡格立西、威廉斯等核心戰友聯手，結合獨特的地理哲學與意志力，構思出第一批 Noma 經典菜色。

「韃靼麝牛。」張錫鎬舉例。

「哦，我愛那道菜。」娜汀說。

「石烤挪威海螯蝦。」張錫鎬又說。

「我愛那道菜。」娜汀又說了一遍。

這些經典菜餚與歌曲不同，無法重現。你無法下載或播放它們。也許哪天 Noma 又宣布關門，雷澤比會讓它們復出，做最後一次亮相，從此以後永遠埋藏在記憶裡，但這種情況很難想像。雷澤比的性格，似乎反映了他汲取靈感的自然界。大自然就像流動的交響樂，記者阿本德如此描述 Noma 2.0：「Noma 2.0 不像農場那樣馴服大自然，而是讓大自然傾洩而入。」大自然也支配著 Noma，菜單、團隊、每個房間的用途只會一再改變。

我第一次踏進 Noma 2.0 時，它看起來尚未完工，但感覺很恰當。房子有一部分仍用膠合板圍起來。原本的 Noma 招牌，當初在一群人圍觀下，從斯傳街（Strandgade）九十三號的牆壁上，將字母一個個拆卸下來，但這時尚未掛回 Noma 2.0 的牆上。據我所知，這裡還沒有招牌，也沒有華麗的入口，甚至搞不清楚前門在哪裡。Noma 2.0 很容易被誤認成加州洪堡縣（Humboldt County）的大麻農場。阿本德寫道：「在餐廳開業的前一週，一塊巨大的防水布蓋在依然外露的空間上，以防雨雪滲入。迎賓區的窗戶還沒安裝，餐廳的天花板也還沒完工。員工早就放棄了庭園設計，特別專案總監安妮卡・德・拉斯・赫拉斯（Annika de Las Heras）只希望他們有時間，在餐廳周圍的厚淤泥上鋪一些護根。廚師與服務生通宵趕工，搬運木板，在天花板的間隙裡填補隔音材料。後來，連廚房檯面也來不及趕工完成。」

或許這些延遲與障礙，迫使雷澤比稍微收斂了他的春秋大夢。我帶著托比走近新 Noma 2.0 的周邊時，不禁想起兩年前雷澤比騎著單車，推著坐在木籃裡的我，一路顛簸來到這個地點。那種木籃通常只用來載運孩子或超市購買的商品。如今從外面看來，景色沒有多大的差異。灌木枝葉從掩蔽的土堆裡長了出來，半沉的船屋在水上浮動。遠方，就在克里斯蒂安尼亞邊界的對面，可以看到那個無政府區的一間住所，狀似圓錐形帳篷。

Noma 的麵坊房顯然已經開始運作了，你可以看到瑟柏（現在是餐廳裡更重要的創意主力）在研發室的玻璃後方進行風味實驗，但這棟建築的其他區域——這裡是溫室嗎？那裡是螞蟻培育場嗎？——仍在興建中。對二〇一八年春天來 Noma 2.0 用餐的客人來說，這種效果好似在體驗一件在製品。我想，Noma 永遠會是一件在製品，年復一年地蛻去外皮，從一種幼蟲形態演變成另一種幼蟲形態，但泥濘的道路、周邊環境的臨時湊合感，給人的感覺，就好像一齣百老匯音樂劇仍在修改預演時所遇到的一些問題。

不過，走進室內，又是一番全然不同的風景。松科與斯文森在門口以擁抱迎接我們，帶我們穿過前門。裡面井然有序，廚房看起來很熟悉——原來，雷澤比以 Noma 墨西哥的戶外廚房，作為哥本哈根新廚房的模型（墨西哥廚房是測試版）。那是一間又長又寬敞的房間，每隔一段距離就有中島穿插其中，讓小組以練習上萬次的精準度來製作特定的菜餚。

一位服務員對我和我的午餐夥伴說：「現在是樺樹水的季節。」我的夥伴是《紐約時報》的食評家威爾斯。連我們午餐喝的水也帶有森林的微跡。樺樹水是從樺樹的樹幹採集的汁液，我們啜飲樺樹水後，接下來就是一場精緻又狂野的盛宴：從蝦頭吸出多汁的內臟；以蛤殼邊緣把蛤蜊肉舀進嘴裡；藍色淡菜排列得像翅膀一樣，飽滿地放在海藻醬中；來自法羅群島的紅褐蛤蜊；史隆從挪威海底打撈上來的扇貝，這些冰涼的扇貝肉，是搭配亮橘色的扇貝卵，一起放在殼上享用。海螺配玫瑰，雲莓配松果——這頓午餐有如一場充滿驚喜的室內樂，有甜味與鹹味的爆發，勾勒出海洋風味的輪廓。海螺、海膽、海參——雷澤比再次像顧爾德彈奏哥德堡變奏曲（Goldberg Variations）那樣，重新想像巴哈那錯綜複雜的對位，或者以這個例子來說，是重新想像海洋。他在節奏與音調上做了一百種不同的變化，強調這個音符而不是那個音符。冷卻，加熱，隔離，重疊，並列，看那浩瀚的海洋放在人類手中可能會變成什麼樣子。

我享用海膽那道菜時，裡面有一排排閃亮的南瓜籽，緊緊地貼立著，彷如卡通裡的教堂唱詩班，或鳥巢裡饑餓的雛鳥。我忍不住吃下它，回想起這四年的旅程。這道海膽吃起來像舒芙蕾一樣爽口，濃郁的泡沫與南瓜籽的堅果口感，完美地融合在一起。Noma菜單一再推陳出新，永遠在變化中，但我從這道菜裡發現了它與過去的連結，像是那道促使我走訪天涯海角的「海膽配榛果」所產生的迴聲。或許是那道菜促使我展開瘋狂的旅行，搭上一時衝動所訂下的航班，掏空自己的口袋，作為某種自我治療。我因為吃下一口如此完美的食物而賣了房子，加入這個瘋狂的團隊——那海膽對我的影響就是那麼荒謬，卻也無庸置疑。這道新菜讓我回想起這幾年來走過的路，吃下的卡路里。

持續前進，是唯一的方法。如果說這趟瘋狂之旅帶給我什麼「啟示」的話，那應該就是「持續前進」吧。那道海膽可能讓我暫時陷入普魯斯特那種瞬間回憶的迴圈，但雷澤比已經再次往前邁進了，就像他當初在墨西哥與澳洲那樣。「你看這些鴨子，」午餐結束後，我們在湖邊漫步時，他對我這麼說，「我等不及來這裡，抓幾隻回去作為秋季的菜單。」

我想他是在開玩笑，雖然 Noma 的秋季菜單確實是以野味奇趣為主題。但他講到熊時，可不是在開玩笑。「去年有人說要供應我們五頭熊，」他說，「那是來自瑞典，我們可能會收下其中一頭，幼熊的肉質很鮮嫩。」目前，Noma 總部有十一個房間，其中一個房間裡，所有的魚缸都裝著活的甲殼類與貝類。每個魚缸的水溫與鹽度都經過仔細校準，調整到最適合特定海洋生物的狀態。但是秋天來臨、夏季的蔬菜菜單結束後，那個房間就會變成野味室。戶外會掛著鳥肉與獸肉，讓那些肉慢慢地熟成轉變。空氣會把它們變成別的東西。

現在弗雷柏離開 Noma 了。身為 Noma 團隊的核心成員，某天他宣布要搬到日本，去開一家有 Noma 風格的餐廳 Inua。利文斯頓也離開了。Noma 1.0 在原址落幕後，他就離開 Noma，搬回了紐約，並與布朗克斯的 Ghetto Gastro 團隊合作，在世界各地烹飪與旅行。鮑文回到紐約後，關閉了 Mission Cantina 餐廳（他試圖精進玉米餅的製作，但始終沒有成功），並在唐人街的新址重開「龍山小館」，他自己則是逐漸變成健身愛好者及散漫的時尚偶像。奧爾韋拉在紐約市開了兩家成功的餐廳：Cosme 與 Atla。食評家威爾斯把 Cosme 評為二〇一五年紐約最棒的新餐廳。雷澤比的妻子娜汀出了一本烹飪書，書名是《休息時間》（*Downtime*）。丹尼爾・胡姆（Daniel Humm）的 Eleven Madison Park 餐廳，在二〇一七年全球最棒的五十家餐廳中拔得頭籌，隔年換成馬西默・博圖拉（Massimo Bottura）的 Osteria Francescana 餐廳登上冠軍寶座。那兩年，由於雷澤比想要徹底改造 Noma，因此 Noma 並沒有參與評選。二〇一九年春天 Noma 回歸後，肯定會有好消息。

在哥本哈根的隔壁房間裡，齊爾柏正在實驗時間與空氣帶來的變化。「Peaso」（豌豆味噌）——以豌豆做成的味噌——在齊爾柏的架子上一字排開，分別處於各種不同的發酵狀態。「你看不到進入淡菜的最後一滴水，」雷澤比說，「但那滴水有如十年修煉的結果。」時間是 Noma 的祕密配方。時間會流逝，一切都會改變，這期間大家會學到更多的東西，人會來來去去，東西會故障、也會修復，一切都會日益接近美味的新境界。

「我們相信這就是我們的未來，」他繼續說，「十四年不斷地試誤，你開始明白一些道理。」連 Noma 的房間也會持續演進，它們會隨著每一季、每一波新點子去調整新用途。

雷澤比揮舞著雙臂說：「我們要在這裡過一輩子。」彷彿那雙臂可以測量這個新家的遼闊面積似的，「但我們在這裡不是為了單單一件事情，那是可以改變的，可以改變的，可以改變的。」

謝辭

感謝以下諸位的鼎力相助，沒有他們的話，我可能會一直迷失在海灘上：

- Lauren Fonda • Omar Mamoon
- Anna Lipin • Daniel Patterson
- Steve Diamond • Pete Wells
- Scott Waxman • Phyllis Grant
- Ashley Lopez • Adam Sachs
- Timothy Hodler • Jason Tesauro
- Gabe Ulla • DeLaune Michel
- Amy 與 John Risley • Tom Junod
- Steffi 與 Curt Gordinier • Fabienne 與 Jeremy Toback
- Susan 與 Richard Gordinier • Rosie Schaap
- Margot、Toby、Jasper、Wesley Gordinier
- Peter Tittiger
- Judy 與 Peter Fonda • Arve Podsada Krognes
- Lisa Abend • Annika de Las Heras
- Jay Fielden • Katherine Bont
- Michael Hainey • Lau Richter
- Kevin Sintumuang • Ali Sonko
- Helene Rubinstein • Dan Peres
- John Kenney • Jesse Ashlock

- Stephen Satterfield • Deborah Needleman
- Ian Daly • Whitney Vargas
- Melina Shannon-DiPietro • Sam Sifton
- Nadine Levy Redzepi • Patrick Farrell
- David Chang • Emily Weinstein
- Alejandro Ruiz • Tiina Loite
- Carter Love • Marina D'Amore
- Jeff Oloizia • Sofia Clarke
- John Cochran • Hotel Sanders
- Klancy Miller • Hotel D'Angleterre
- Julia Moskin • Cafe Det Vide Hus
- Melissa Clark
- Villa Haugen in Leinesfjord, Norway
- Mary Celeste Beall • Norwegian Seafood Council
- Brady Langmann • Marc Blazer
- Adrienne Westenfeld • Ben Mervis
- David Zilber • Peter Kreiner
- Bente Svendsen • Ben Liebmann
- Bo Bech • Anders Selmer
- Becca Parrish • Mads Refslund
- Sean Donnola • Roderick Sloan
- Signe Birck • Diana Henry
- Laerke Posselt • Howie Kahn
- Evan Sung • William Wolfslau
- Candice Peoples • Aubrey Martinson
- Sara Bonisteel • Killian Fox
- Kim Severson • Christopher Sjuve
- Santiago Lastra Rodriguez • Christine Johnston
- Andre Baranowski • Dyana Messina
- Dennis Beasley • Melissa Esner
- Dody Chang • Tim Duggan
- Nicole Miziolek
- Joshua David Stein
- Laura Wanamaker
- Alexandra White

Hungry 渴望

Noma 傳奇主廚的世界尋味冒險，帶你深度體驗野地食材的風味、採集與料理藝術

Hungry: Eating, Road-Tripping, and Risking It All with the Greatest Chef in the World

作　　者　傑夫．戈迪尼爾（Jeff Gordinier）
譯　　者　洪慧芳
封面設計　兒日
內頁排版　高巧怡
行銷企劃　林瑀、陳慧敏
行銷統籌　駱漢琦
業務發行　邱紹溢
責任編輯　劉淑蘭
總 編 輯　李亞南
出　　版　漫遊者文化事業股份有限公司
地　　址　台北市松山區復興北路331號4樓
電　　話　(02) 2715-2022
傳　　真　(02) 2715-2021
服務信箱　service@azothbooks.com
網路書店　www.azothbooks.com
臉　　書　www.facebook.com/azothbooks.read
營運統籌　大雁文化事業股份有限公司
地　　址　台北市松山區復興北路333號11樓之4
劃撥帳號　50022001
戶　　名　漫遊者文化事業股份有限公司
初版一刷　2021年7月
定　　價　台幣380元

ISBN　978-986-489-492-5

本書圖片出處
封面：René Redzepi © Adriana Zehbrauskas；封底 © Evan Sung
p22.56.63.81.101.121.145.149.157.164.169.177.179.247 © Jeff Gordinier
p260 oleschwander/shutterstock
cc-by-2.0：p7.p8.p9 (上).p10.p11.p14.p15. City Foodsters. p9 (下) Studio Sarah Lou. p17 Håkan Dahlström. p181 dronepicr.
cc-by-sa-2.0：p12. City Foodsters. p13.p16 cyclonebill.

國家圖書館出版品預行編目 (CIP) 資料

Hungry 渴望：Noma 傳奇主廚的世界尋味冒險，帶你深度體驗野地食材的風味、採集與料理藝術/ 傑夫．戈迪尼爾（Jeff Gordinier）著；洪慧芳譯. -- 初版. -- 臺北市：漫遊者文化事業股份有限公司：大雁文化事業股份有限公司發行, 2021.07
272 面；14.8x21 公分
譯自：Eating, Road-Tripping, and Risking It All with the Greatest Chef in the World
ISBN 978-978-986-489-492-5(平裝)
1. 回憶錄 2. 烹飪
427.12　110010015